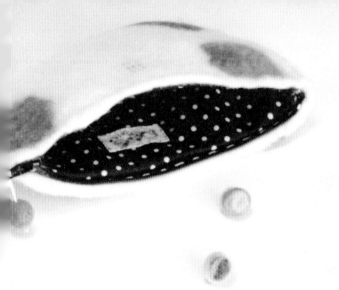

最短時間、最省布料製作服飾和雜貨

實用裁縫的32堂課

楊孟欣 著

在充滿幸福氛圍的雜貨空間快樂過生活
Leading a Joyful Life in the Environment of Sundries made of Happiness. →

　　夏天來了，很快的冬天也會接著秋天的腳步來到，一年四季因為氣候的改變、周圍的變化，讓生活在其中的我們有著不同的感受和想法。

　　享受著自己動手做樂趣的我，邊感受著窗邊吹來夏日氣息的微風，邊製作窗簾和門簾，看著它們隨風起舞；喜歡在雨後的下午獨自到海邊防風林看遠方的海平面，就做個方便收納的袋子，把造型優美的石頭或貝殼裝著帶回家收藏。節慶的日子到來，就做張卡片寄給遠方的朋友們，希望她們收到獨一無二的手工卡片而會心一笑，生活中的小事情一二三，總會為我的創作增添靈感。

　　這是我第三本關於布類製品創作的工具書囉！內容除了跟布有極大的關聯外，多了其他的材質搭配，如運用簡單的印章製作、用紙型拓印圖案、羊毛氈材質，為手做的布類作品增添新的表現方式、更加多元化。

　　動手幫自己或親友做些生活雜貨吧！夏天就做個有海洋風的枕頭套，秋天就做些卡片問候好久不見的朋友，冬天玩玩羊毛氈，等到春天來臨，就戴著自己親手做的帽子去賞賞花朵！

　　一年四季中，我就是在充滿幸福氛圍的雜貨空間裡，邊創作邊快樂的過生活，你是否也想試試？

Shin

2008.07.14

目錄 Content

基本工具 ❶

在這裡列舉了本書所有作品必備的相關工具,此外,你可以依據自己的需求選購額外的工具,但為求精簡以及在生活週遭隨手可得,這個單元所列出的工具,都是方便取得並且實用的,幫助你以節約的方式享受手作的樂趣。

❶ 捲尺或布尺

❷ 方格尺

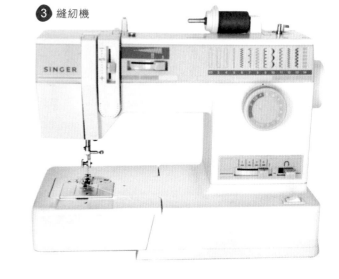

❸ 縫紉機

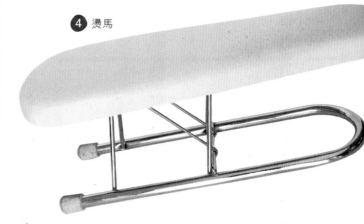

❹ 燙馬

1 捲尺或布尺／適合用來丈量不規則邊緣的物體，如人體。通常在尺的兩面分別有公分與英吋，可依需求選擇使用。

2 方格尺／透明的尺規，上面印有準90度的格線，在繪製紙型時是相當實用的工具，幫助繪製標準的垂直或平行線，分別有公分以及英吋二種單位，可依需求選購。

3 縫紉機／在本書中所有布作品雖然都可以手工針線縫製，但如果有縫紉機則可省去許的時間，可依需求選購。

4 燙馬／以熨斗整燙布料作品時用來隔熱的工具，依需求分有不同的面積尺寸，可依實際需求選購。

5 熨斗／用來整燙布作品或者芯(布襯)。

6 壓線器／可以用來在布面上壓線或者在紙型上做記號。

7 椎子／在車縫時可以椎子代替手指來壓布，避免車針傷到手指，在拆除縫線時，也可使用椎子挑起線頭方便拆除縫線。

8 線剪／方便剪線和線頭的剪刀。

9 紙剪／專門剪紙張(紙型)的剪刀。

10 布剪／專門用來剪裁布料的剪刀。建議製作過程中剪紙張與剪布的剪刀要分開使用，以保持剪布刀的銳利度。

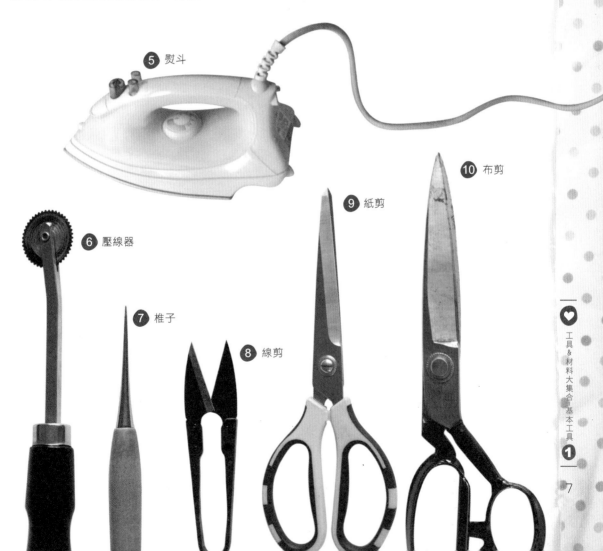

5 熨斗

10 布剪

9 紙剪

6 壓線器

7 椎子

8 線剪

基本工具 ❷

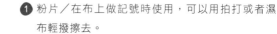

❶ 粉片／在布上做記號時使用，可以用拍打或者濕
　 布輕撥擦去。
❷ 麻線／天然麻線，適合縫製皮料材質。
❸ 繡線／用來繡布面上的裝飾圖紋。

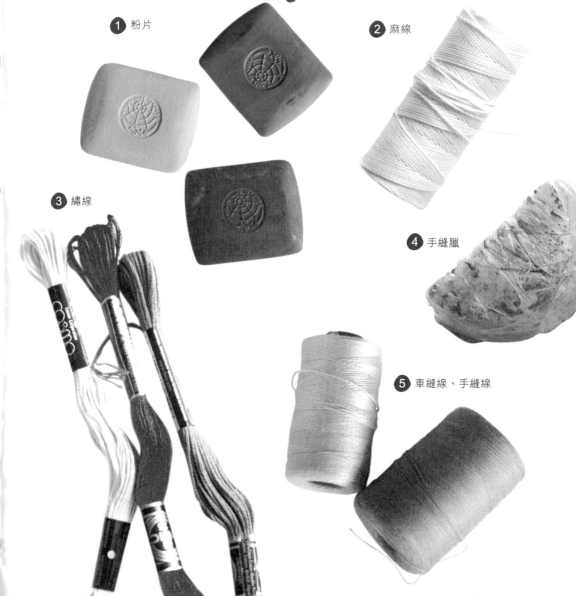

❶ 粉片

❷ 麻線

❸ 繡線

❹ 手縫臘

❺ 車縫線、手縫線

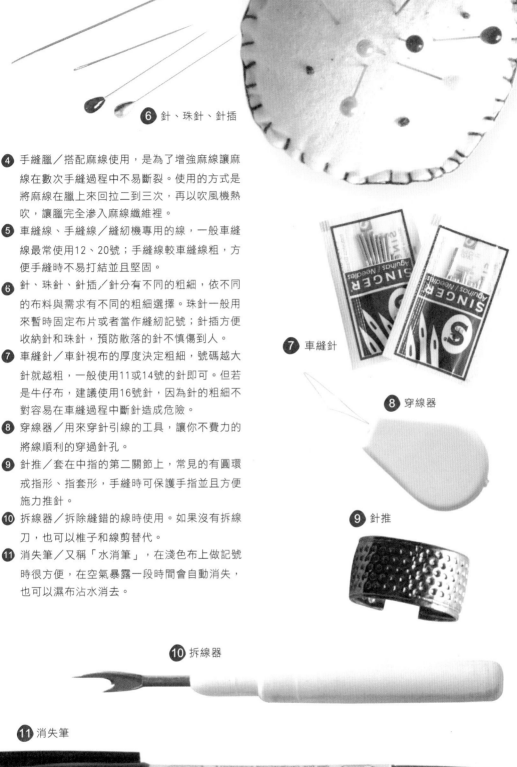

6 針、珠針、針插

4 手縫臘／搭配麻線使用，是為了增強麻線讓麻線在數次手縫過程中不易斷裂。使用的方式是將麻線在臘上來回拉二到三次，再以吹風機熱吹，讓臘完全滲入麻線纖維裡。

5 車縫線、手縫線／縫紉機專用的線，一般車縫線最常使用12、20號；手縫線較車縫線粗，方便手縫時不易打結並且堅固。

6 針、珠針、針插／針分有不同的粗細，依不同的布料與需求有不同的粗細選擇。珠針一般用來暫時固定布片或者當作縫紉記號；針插方便收納針和珠針，預防散落的針不慎傷到人。

7 車縫針／車針視布的厚度決定粗細，號碼越大針就越粗，一般使用11或14號的針即可。但若是牛仔布，建議使用16號針，因為針的粗細不對容易在車縫過程中斷針造成危險。

8 穿線器／用來穿針引線的工具，讓你不費力的將線順利的穿過針孔。

9 針推／套在中指的第二關節上，常見的有圓環戒指形、指套形，手縫時可保護手指並且方便施力推針。

10 拆線器／拆除縫錯的線時使用。如果沒有拆線刀，也可以椎子和線剪替代。

11 消失筆／又稱「水消筆」，在淺色布上做記號時很方便，在空氣暴露一段時間會自動消失，也可以濕布沾水消去。

7 車縫針

8 穿線器

9 針推

10 拆線器

11 消失筆

應用工具

① 壓克力顏料／壓克力顏料的使用方法很簡單，只須加水調和，就像在調水彩一樣，但是畫在布類的纖維上，乾掉後不易被水洗掉。我通常用在布面上色。

② 樹脂／粘布或紙張使用。

③ 南寶強力膠（條）／強力膠適用在有機纖維的表面接著，有時候皮鞋的底掉了，也可使用強力膠來修補，最大特性是乾掉後仍保有彈性。

④ 南寶強力膠（罐）／如果使用量比較大的，建議使用這種罐裝的，價位上比較便宜，　但是如果很少用到，因為開封後的強力　　　膠容易乾掉，建議選購條狀的。

⑤ 芯（裡襯布）／用來增加布料的挺度，背面有膠，遇熱就會產生黏性，通常使用熨斗來貼芯。

⑥ 水性印台／一般市面這類的印台都是水性的比較多，這種水性印台適用於不常（不需）水洗的表面，如果是袋類或者衣物，就建議使用壓克力顏料。

⑦ 橡皮擦／可以購買價錢較便宜且面積比較大的空白橡皮擦刻印用。

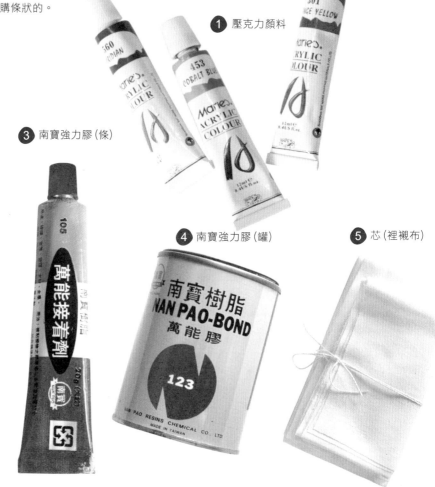

① 壓克力顏料

② 樹脂　③ 南寶強力膠（條）

④ 南寶強力膠（罐）　⑤ 芯（裡襯布）

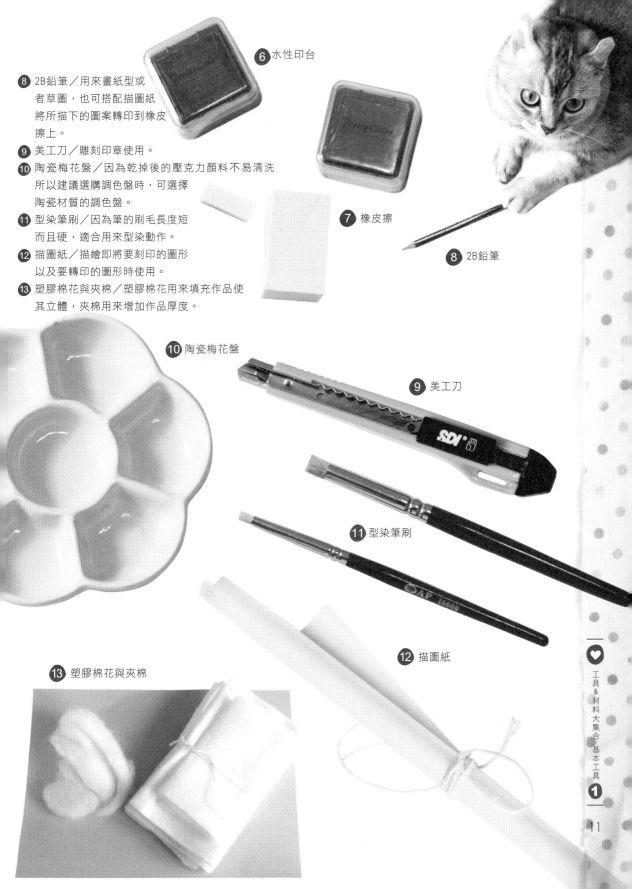

6 水性印台

8 2B鉛筆／用來畫紙型或者草圖，也可搭配描圖紙將所描下的圖案轉印到橡皮擦上。

9 美工刀／雕刻印章使用。

10 陶瓷梅花盤／因為乾掉後的壓克力顏料不易清洗所以建議選購調色盤時，可選擇陶瓷材質的調色盤。

11 型染筆刷／因為筆的刷毛長度短而且硬，適合用來型染動作。

12 描圖紙／描繪即將要刻印的圖形以及要轉印的圖形時使用。

13 塑膠棉花與夾棉／塑膠棉花用來填充作品使其立體，夾棉用來增加作品厚度。

7 橡皮擦

8 2B鉛筆

10 陶瓷梅花盤

9 美工刀

11 型染筆刷

12 描圖紙

13 塑膠棉花與夾棉

工具&材料大集合!! | Tools & Materials.

常用布料

❶ 棉、麻類布料

❷ 羊毛類

❶ 棉、麻類布料／這類布包含了天然纖維布、胚布、T-shirt布、先染布、印花棉布等。

❷ 羊毛類／書中所用到的羊毛,是以羊毛氈自製不織布為主,利用羊毛遇到溫熱肥皂水會造成毛磷纖維緊縮造成「縮水」結果,就是所謂的「氈化」。通常羊毛買來只是這類材質的半成品,還得經過加工才能運用在製作成品上。

❸ 不織布／這是人造纖維的一種,其製程結合塑膠、化工、造 紙及紡織等技術與原理,由於非經平織或針織 等傳統編織方式製成,所以稱「不織布」。

❹ 動物皮類／動物皮常見的有牛皮、羊皮、豬皮等,皮的製法又有依其製成和使用配料有不同的質感,多半分為「植物鞣」與「鉻鞣」。前者為天然配料製成,後者為化學配料製程,植物鞣的皮革比較堅硬,鉻鞣的皮革比較柔軟,但是因為是化學製程,在燃燒後會有毒性產生。

❸ 不織布

❹ 動物皮類

❺ 印花棉布／印花棉布是市面上最常見的一種布料,純棉是它的特點,上面多半印有圖樣,故稱「印花棉布」。

❻ ＴＣ布／就是T(特多龍 tetoron)與C(cotton棉)混紡的布料,所以兼具了兩者的優點,沒有天然纖維的易皺,又具有特多龍的耐用。

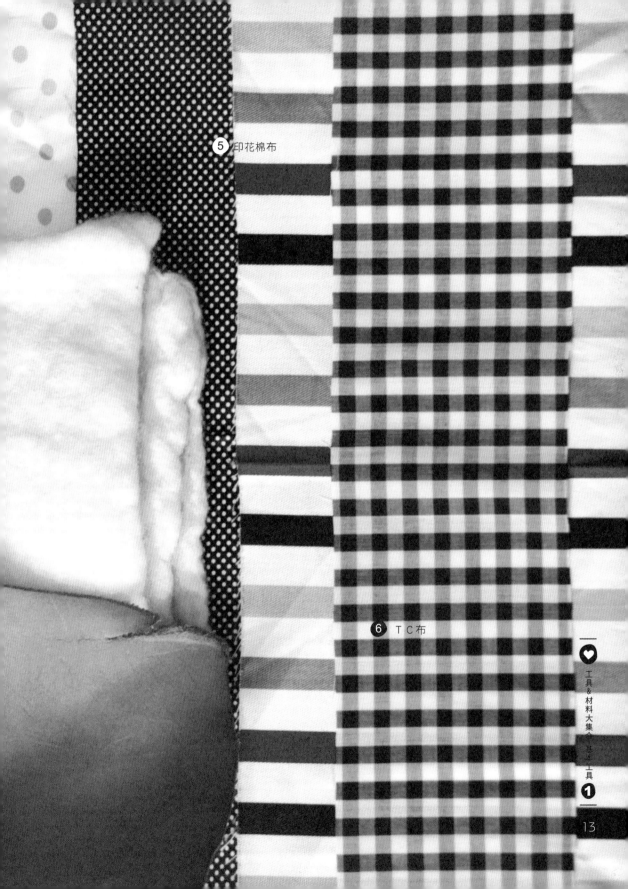

5 印花棉布

6 TC布

Part ①

3小時就完成的
不費力雜貨

毛線球門簾

+ 材料

　　毛線：粗0.4公分 5～6顆

+ 做法

　　取一張一般尺寸(5.5x9公分)的名片，以5.5公分那邊為毛球的大小依據，開使製作毛球。

成品尺寸　　單位：公分

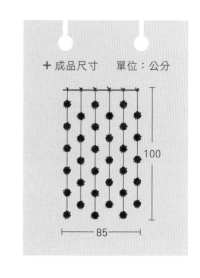

100

85

1. 將名片橫放後開始繞毛線，一顆毛球約繞50圈。

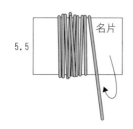

5.5　名片

2. 抽出名片後，在毛線中心用另一條毛線將其捆綁。

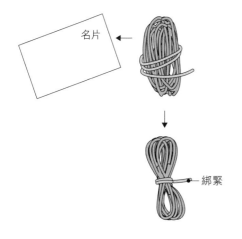

名片　←

綁緊

3. 攤開綁緊後的毛球，開始以轉向不同角度修剪，使外形趨於圓球狀，做好數顆毛球後可用毛線將所有毛球串起，即成門簾。

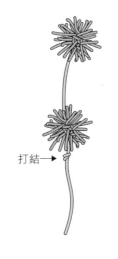

打結←

+ 小提醒

1. 在串起所有毛球的時候記得於毛球的所處位置下方打結，便可固定毛球不會掉落。

2. 做法1.中繞毛線時不要纏太緊或太鬆，平均使力纏好，否則完成的毛線球會大小不一。→

毛線球門簾
Wool Ball Curtains

夏天的風捎來關於你的消息，
聽說春天在離去之前留下一地炫燦，
紅的、白的、藍的，
屬於花兒的、
你的、還有天空的記憶，
這些都在夏天裡，與風共舞。

掛式面紙盒套 | Tissue Box Cover |

常收到的面紙盒贈品總有許
多廣告內容,動手為面紙盒
做件外套,平放著、吊掛著
都很方便也很美觀。

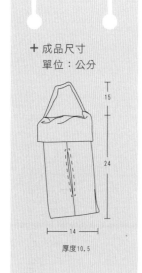

+ 成品尺寸
單位:公分

15

24

14

厚度10.5

掛式面紙盒套

＋材料

棉布A：外片寬70X長45公分 1片
棉布B：外蓋片寬16X18.5公分 1片
提把裝飾用釦子：2個
暗釦：1組

＋做法

如製圖所示繪製紙型，裁剪所需要的布片。

1. 將袋身布對摺後車縫，中間留一段供抽取面紙用的
   洞口不要縫。

面紙抽取口
不要縫

袋身
棉布A
（反面）

車縫中心長邊

6. 袋口的布邊以三褶方式收邊車縫。

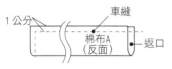

車縫
三褶
棉布A（正面）
車縫
棉布A（正面）

7. 將提把對摺，車縫合三邊後翻至正面。

車縫
1公分
棉布A
（反面）
返口

8. 提把翻正後，開口處向內反摺 1 公分後縫
   合固定，並且沿邊壓線。

往內摺 1 公分
四周壓上縫線
棉布A
（正面）

9. 如圖所示，固定
   提把與提把裝飾用
   釦子、面紙盒蓋的
   暗釦後，完成。

縫上暗釦
縫合

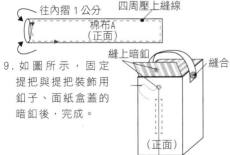

（正面）

2. 將「面紙抽取口」的布邊摺好縫合固定，底部也車縫
   固定。

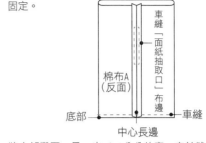

車縫「面紙抽取口」布邊
棉布A
（反面）
底部
車縫
中心長邊

3. 將底部攤平，量 出10.5公分的寬 度並縫合固定。

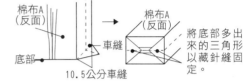

棉布A
（反面）
底部
車縫
10.5公分車縫
棉布A
（反面）
將底部多出
來的三角形
以藏針縫固
定。

4. 車縫面紙盒蓋的裡、外片，並翻正。

（正面）
面紙盒蓋
棉布B
（反面）

翻至正面前
可先將這端
的角剪掉，
幫助翻面後
整型美觀。

棉布B
（正面）

5. 固定袋蓋與袋身，縫份1公分。

面紙盒蓋
（正面）
車縫
袋身
（正面）

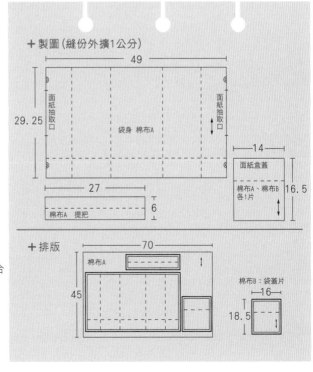

＋製圖（縫份外擴1公分）

49
面紙抽取口
29.25
袋身 棉布A
面紙抽取口
27
棉布A 提把
6
14
面紙盒蓋
棉布A、棉布B
各1片
16.5

＋排版
70
棉布A
45
棉布B：袋蓋片
16
18.5

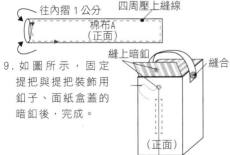

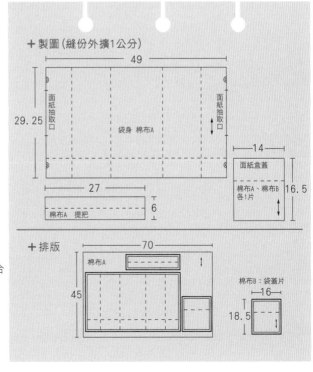

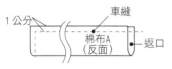

I

3
小時就完成的不費力雜貨

甜甜圈鍋墊&餅乾杯墊
Doughnut Pan Mats & Cookie Coasters

美味的料理搭配可愛的餐具，
用餐心情就更加的愉快了，
動手做一組甜甜圈鍋墊和餅乾杯墊，
為餐桌增添趣味。

甜甜圈鍋墊&餅乾杯墊

紙型在 p.102

甜甜圈鍋墊

✛材料

棉布：外片寬60X長30公分 2片
不織布：底布寬30X長30公分 2片
夾棉：寬30X長30公分 2片、繡線：適量

✛做法

　　本作品是以甜甜圈A為例，沿紙型裁剪所需要的布片，依以下步驟製作。

1. 先在甜甜圈表面繡上法式結粒繡(參照p.99)。

（正面）

2. 將甜甜圈前、後片以及夾棉對齊縫合。

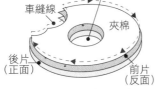

由此翻正
車縫線
夾棉
後片（正面）
前片（反面）

3. 翻正後中間以藏針縫（參照p.100）縫合。

（正面）

4. 底部與不織布片縫合壓線即成。

車縫線
（正面）

餅乾杯墊

✛材料

棉布：外片寬31X長13公分 1片、夾棉與繡線適量

✛做法

沿紙型裁剪所需要的布片，依以下步驟製作。

1. 先在餅乾表面繡上法式結粒繡(參照p.99)。

（正面）

2. 將餅乾前、後片以及夾棉對齊縫合，並留返口以備翻至正面。

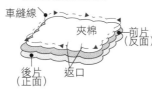

車縫線
夾棉
前片（反面）
後片（正面）
返口

✛成品尺寸　　單位：公分

甜甜圈鍋墊　　餅乾杯墊

27

12.5
10

27

✛排版

13
31

✛排版

甜甜圈A 棉布
30

甜甜圈A 不織布
30

甜甜圈B 棉布
30

甜甜圈B 不織布
30

60　　30

3. 翻至正面後以藏針縫（參照p.100）縫合返口，並在邊緣壓上縫線即成。

車縫線
（正面）
返口以藏針縫合

枕頭套

+ 材料 (一個枕套用量)
棉布A：寬24X長102公分 1片
棉布B：寬87X長102公分 1片
繡線、碎布：適量

+ 做法

　　如製圖所示繪製紙型，裁剪所需要的布片，這個
枕頭套是用不同布片剪接設計的，所以要注意布向的
問題 (參照p.97)。

1. 縫合棉布A與棉布B

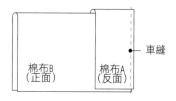

2. L邊 (下圖紅色虛線) 也縫合後翻到正面，並如下圖
　所示，藍線處向內翻摺26.7公分。

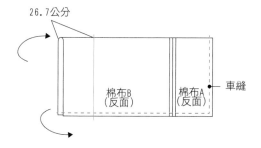

3. 將翻摺後的開口，在其縫合邊固定反摺的布，使其
　固定後即成。

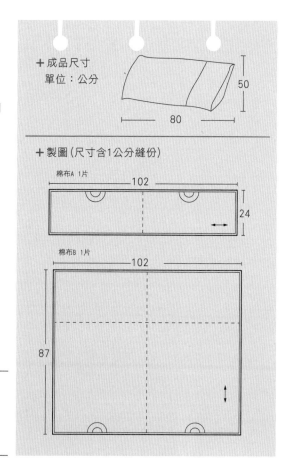

+ 成品尺寸
　單位：公分

50

80

+ 製圖 (尺寸含1公分縫份)

棉布A 1片

102

24

棉布B 1片

102

87

+ 小提醒

可以利用圖章印上自己創作的圖樣，讓作品更
加個人化唷！！(自製圖章做法可參照p.82)→

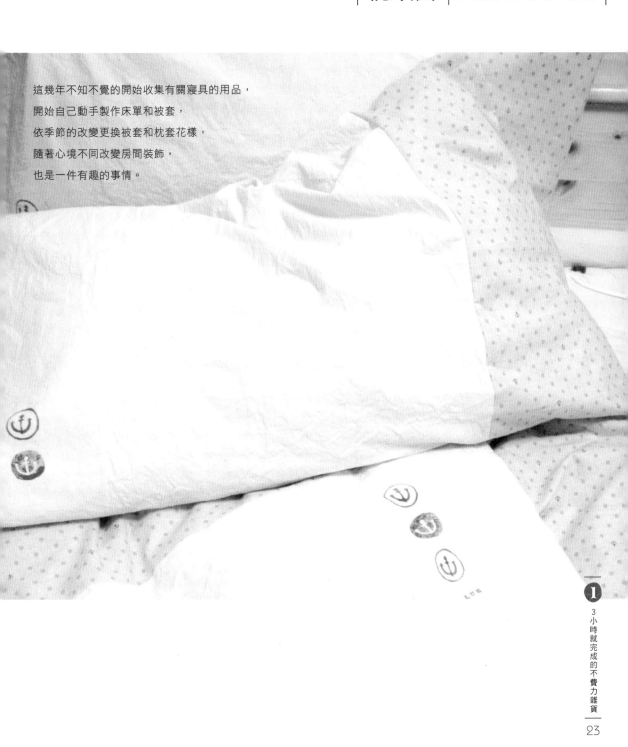

這幾年不知不覺的開始收集有關寢具的用品，
開始自己動手製作床單和被套，
依季節的改變更換被套和枕套花樣，
隨著心境不同改變房間裝飾，
也是一件有趣的事情。

|被套｜Bed Sheets|

一直很喜歡胚布的質感，

做了一組以胚布為主布的床組，

上面印上了橡皮擦手刻的海軍印章小圖。

這時候如果作夢的話，

那應該是有關海洋的夢境吧！！

BLUE

How to Make 被套

+ 材料

棉布A：寬102X長202公分 1片

棉布B：寬152X長202公分 2片

繡線、碎布：適量

+ 做法

如製圖所示繪製紙型，裁剪所需要的布片，市售的布匹都沒有剛好符合棉被的尺寸（布的常見幅寬參照p.97），所以幾乎都要修剪或者剪接，在購買布時，將你的棉被尺寸和有標記尺寸與布向紙型的縮圖一併帶到布行，必要時可以諮詢布行店員唷！

1. 將三大片布接合

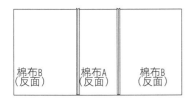

棉布B（反面）　棉布A（反面）　棉布B（反面）

2. 對摺後縫合圖中標示的各邊

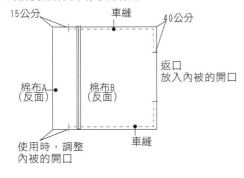

15公分　　　　車縫　　40公分

返口
放入內被的開口

棉布A（反面）　棉布B（反面）

車縫

使用時，調整
內被的開口

3. 再將調整內被的開口布邊以2摺方式縫合布邊。

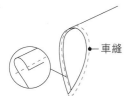

車縫

4. 翻到正面即成。

+ 成品尺寸

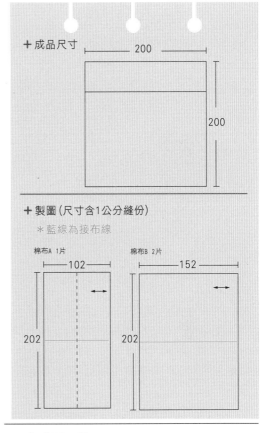

200

200

+ 製圖（尺寸含1公分縫份）

＊藍線為接布線

棉布A 1片　　　　　棉布B 2片

102　　　　　　152

202　　　　　　202

+ 小提醒

因為市售的布多半不超過150公分，寬幅的布較少，因此用做被單的布通常要自己剪接。製圖中的藍線就是接布的提示。　→

如何測量面紙盒、手機、數位相機等立方體呢？

如何測量立方體？

生活中好多用品我們都可以為它們穿上自己DIY的小套子，但是各式各樣的外型，該如何丈量出正確的尺寸呢？

其實很簡單唷！只要仔細看出被量物的原始形狀，這時候不管它的邊緣是尖角或圓角，都可以輕鬆的量出他的尺寸來。

尖角

圓角

不規則形

不管屬於上列哪種奇怪的形狀，生活用品的原型不是圓形就是方形，丈量時只要給它們一個隱形的外框，在繪製紙型時就會比較簡單了。

下圖以不規則形狀來示範丈量方式：

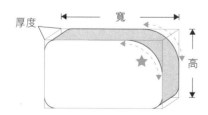

厚度　寬　高

在繪製紙型時，就會有一個準確的依據了，有星星標記的地方，也可以在繪製紙型的當下畫出符合實際物品的外形，做出的作品就會更合身囉！

如何測量枕頭和棉被尺寸？

拉直你的枕頭或被子（舊有的被套或者被子皆可）

將現有的枕頭或被子邊緣拉直，丈量出正確尺寸，畫紙型的時候可以額外加1至3公分的鬆份，就可以輕鬆做出自己的被套與枕頭囉！

紙型在 p.102

遮陽帽

+材料

棉布A：寬91X長18公分

棉布B：寬91X長18公分

繡線：適量

+做法

沿紙型裁剪所需要的布片，依以下步驟製作。

1. 將各側片縫合接起。

（反面）

外片與裡片做法相同

2. 將圓形帽頂摺成六等份，方便與側片縫合。

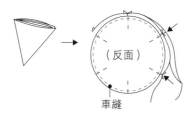

（反面）

車縫

3. 將裡、外片從帽沿縫合，並留返口翻至正面後，以藏針縫(參照p.100)縫合返口即成。

外片（反面）

帽沿

裡片（正面）

車縫

返口

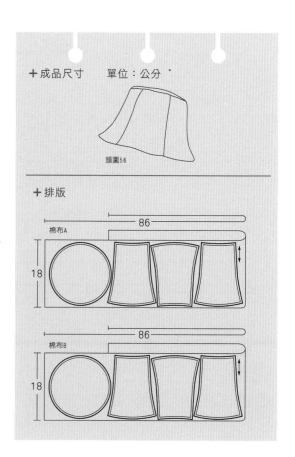

+成品尺寸　單位：公分

頭圍56

+排版

棉布A

86

18

棉布B

86

18

遮陽帽 | Sun Hats

我們去散步吧！
戴著自己做的帽子，
我們去看藍藍的天和綠綠的樹吧！

相機包 Camera Bags

有了可以斜背的相機袋子就
更方便了，休息時候背著、
拍照時候背著，都不用擔心
拿在手上有一天突然搞丟。

＋ 成品尺寸
　　單位：公分

60

6.5

厚度2

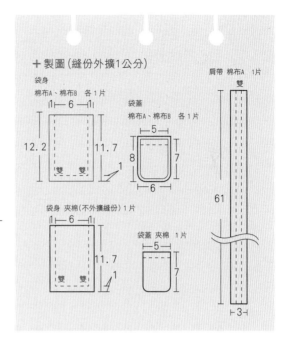

相機包

How to Make

✛ 材料

棉布A：寬24.4X長9公分 1片
　　　　寬6X長8公分 1片
　　　　寬61X長3公分 2片
棉布B：寬24.4X長9公分 1片
　　　　寬6X長8公分 1片
薄夾棉（或芯）：寬5X長7公分 1片
　　　　　　　　寬9X12.2公分 1片

繡線：適量

✛ 做法

如製圖所示繪製紙型，裁剪所需要的布片。

1. 先將肩帶以四褶的方式車縫。

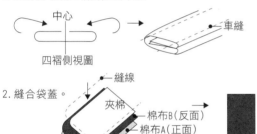

2. 縫合袋蓋。

3. 縫合袋身。

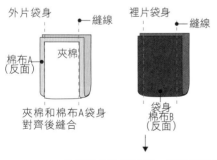

並於縫合成袋形後，將袋子以抓底的方式做出厚度。

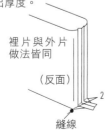

✛ 製圖（縫份外擴1公分）

4. 將裡片袋身正面翻至朝外後，依序將外片袋身、裡片放入，並於袋口縫合，留返口待翻至正面。

5. 翻回正面，以藏針縫（參照p.100）縫合返口，縫上暗釦即成。

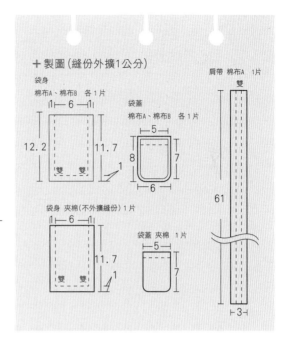

❶
3小時就完成的不費力雜貨

ㄟ～這可不是只能在廚房工作時穿的圍裙唷！
也可以用來當成配件搭配衣服，自己試試看吧！！

32

外出圍裙

+材料

棉布A：寬50X長62公分 1片

棉布B：寬50X長62公分 1片

0.2公分粗麻繩：長150公分 2條及長6公分 2條

繡線：適量

+做法

如製圖所示繪製紙型，裁剪所需要的布片。

1. 將口袋片的開口布邊先以三摺的方式縫合。

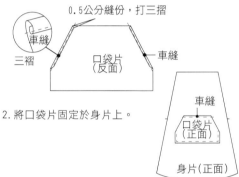

0.5公分縫份，打三摺

車縫
三褶
口袋片（反面）
車縫

2. 將口袋片固定於身片上。

車縫
口袋片（正面）
身片（正面）

3. 將麻繩肩帶固定於圖中所標示的位置。並將身片的外片和裡片如圖所示縫合，留返口翻至正面即成。

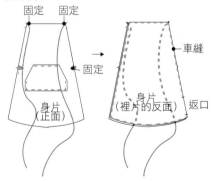

固定　固定
車縫
固定
身片（正面）
身片（裡片的反面）　返口

+成品尺寸　單位：公分

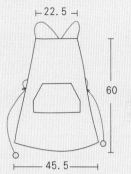

22.5
60
45.5

+製圖（縫份外擴0.5公分）

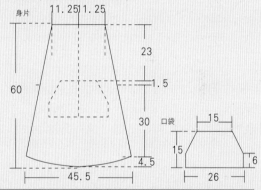

身片
11.25 11.25
23
1.5
60
30
4.5
45.5

口袋
15
15
26
6

+排版

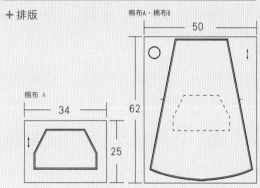

棉布A、棉布B
50
62

棉布 A
34
25

+小提醒

你也可以在肩帶的末端縫上用碎布製成的小布球，多了點設計，還能增加趣味性。→

以平針繞著圓片布邊緣縫一圈後，塞入塑膠棉花，並以針線縫緊，固定於麻繩末端上增加趣味感。

1

我最愛的自由が丘

日本

女神廣場

女神ST

北口

自由が丘駅

東急東橫線・大井町線
自由が丘駅

渋谷

鐵道

雖然我去日本的活動範圍都在東京地區，但一年能去日本的大街逛一次就夠我開心好久，在日本每一步都能發現驚喜。

日本的商店服務讓我覺得很貼心，如果外面下雨，店員會幫你把手提紙袋再套上一層透明的塑膠袋，要求做禮物包裝的時候，會在固定包裝紙的膠帶上另外貼一層可愛的布條裝飾膠帶。

逛街的時候總會發現連細微的角落也似乎經過刻意的妝點，相機隨便取景都可以是一個美景，日本人是一個在生活上很細心、講究的民族，我很欣賞日本這方面的生活觀念。

但日本好地方這麼多，心裡仍有獨鍾的地方「自由之丘」，這是一個溫馨的小地方，每家店有自己的風格，總讓匆忙趕路的我，腳步緩慢下來甚至不想離開了。

2

Mario Neshdo

這是一家生活雜貨的連鎖店，每次來到自由之丘最讓我駐足停留不想離開的一家店，也許是早上有下雨的關係吧！這天去的時候他們把可愛的雨鞋整齊的排放在店門口，總之這幅景象成為我相機裡的風景了。

http://letsgo.jp

5

KARAKO

很有異國風情的一家雜貨商店，讓我想起淡水的一些藝品店也有類似的風格。第一次看到羊毛氈實體就是幾年前來這家店逛的時候，當時他們有一個一公尺高的玻璃瓶子，裡面裝滿直徑五至十公分大小的羊毛球，好奢侈的美麗啊！

http://www.karako.jp/conts/shop/index.htm

ATSUKO MATANO 俣野溫子

　　這是一位插畫家的專賣店，裡面的所有產品幾乎都是毛巾布為主的產品，我最喜歡店裡頭的這些玩偶了，雖然店裡的玩偶幾乎都買過了，但每次去都一定還是會買幾隻回台灣的。

　　而且呀，這家毛巾專賣店除了特價的毛巾以外，都可以免費幫客人電繡英文名字唷！繡完以後還幫我包裝起來到現在我還捨不得拆封哩！。

3

HP (HOTCH POTCH)

　　這家也是專賣雜貨的商店，只是跟Mario Neshdo不一樣的是，HP偏重文具、飾品類，總之就是一些小小的玩意兒，會讓人愛不釋手的那種經典雜貨，傷腦筋的是每次到這家店總是花掉我大半的時間，荷包也會突然消減原本的重量，裡面的文具商品實在太可愛啦！

http://hotchpotch.mercros.co.jp

　　如果沒有行李太多的問題困擾我，那天可能就真的買下其中一雙雨鞋回台灣了吧！想在台灣找到這麼可愛的雨鞋可不是件容易的事情。

4

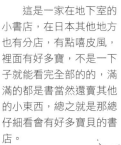

VILLAGE/VANGUARD

　　這是一家在地下室的小書店，在日本其他地方也有分店，有點嘻皮風，裡面有好多寶，不是一下子就能看完全部的的，滿滿的都是書當然還賣其他的小東西，總之就是那總仔細看會有好多寶貝的書店。

http://www.village-v.co.jp/

　　這家店號稱全年無休啦！所以隨時去都是大門敞開的，而且滿滿的商品好像快把整個房子爆開似的，去自由之丘的時候記得去看看這家書店唷！

Part ②

一塊布、零碼布
完成的
超省布雜貨

擦手巾 | Handkerchiefs

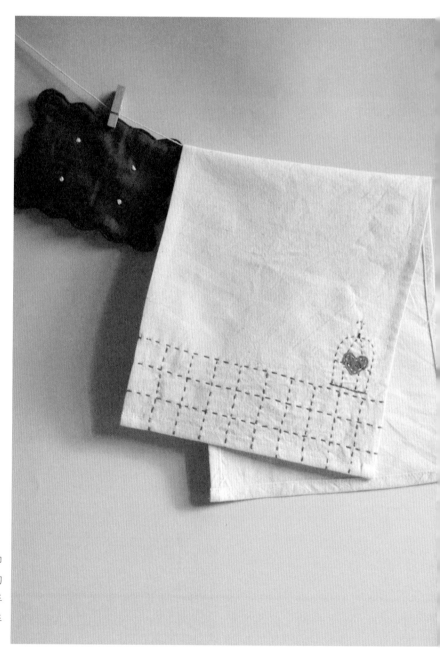

印花棉布、胚布、毛巾布，只要是吸水效果好的布料，都可以做成擦手巾，讓我們少用一些擦手紙，保護地球。

擦手巾

+材料
棉布：寬24X長54公分 1片
繡線、碎布：適量

+做法
如製圖所示繪製紙型後，裁剪所需要的布片。

1. 先以平針縫 (參照p.98) 繡出格狀紋路和鳥籠，心型
   布片以平針縫或者釦眼繡 (參照p.99) 固定。

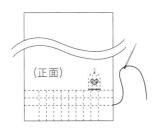

（正面）

2. 四邊以三褶方式縫合即成。

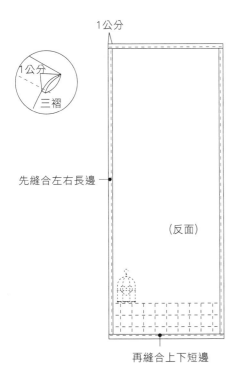

1公分

1公分

三褶

先縫合左右長邊 ——

（反面）

再縫合上下短邊

+成品尺寸
單位：公分

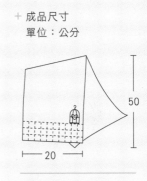

50

20

+製圖 (縫份外擴1公分)

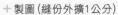

棉布

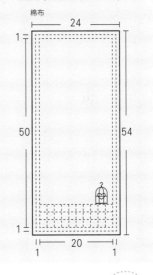

24

1

1

50

54

1

20

1

1

+紙型 (100%)

紙型
這裡有！

不織布

小可愛

＋材料

棉布：寬98X長60公分　1片
緞帶：寬1X長120公分　1條

＋做法

如製圖所示繪製紙型，裁剪所需要的布片。

1. 將2片布片邊緣拷克。

2. 將左右兩邊縫合。

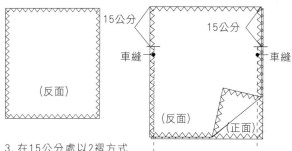

15公分　15公分
車縫　車縫
（反面）（反面）（正面）

3. 在15公分處以2褶方式
　縫合布邊。

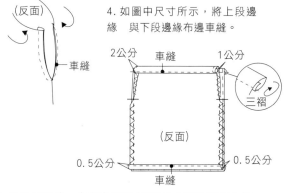

（反面）
車縫

4. 如圖中尺寸所示，將上段邊
　緣　與下段邊緣布邊車縫。

2公分　車縫　1公分
三褶
（反面）
0.5公分　0.5公分
車縫

5. 翻至正面後，上方處以髮夾自2公分寬軌道導入緞
　帶即成。

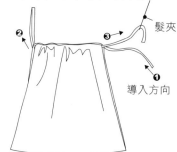

❷
❸
髮夾
❶
導入方向

＋成品尺寸　　單位：公分

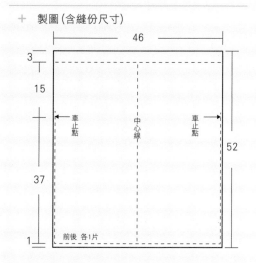

62
45

＋製圖（含縫份尺寸）

46
3
15
車止點　中心線　車止點
52
37
1
前後　各1片

＋排版

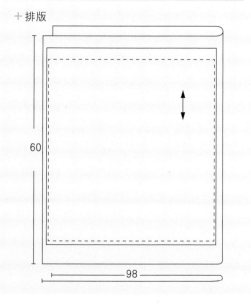

60
98

|小可愛|
|Female Camisole Top

一塊布、
手縫幾道縫線、
一條寬度適中的緞帶、
完成一件簡單的小可愛，
渡過一個悠閒的下午。

長方形雜物袋
Rectangular Bags

放錢包、手機、筆記本，
短時間出門買個東西回來，
這個袋子很方便唷！！

長方形雜物袋

紙型在 p.102

+ 材料

棉布：寬30X長90公分 1片
　　　滾邊寬4X長50公分 1條
繡線、橡皮擦(刻印用)：適量
西卡紙(型染用)：適量
型染筆刷、壓克力顏料：適量

型染筆刷

壓克力顏料

+ 做法
如製圖所示繪製紙型，裁剪所需要的布片。

1. 將所有布邊拷克。

(反面)

2. 兩個長邊略過20公分作
　 為袋口，其餘車縫。

20公分

(反面)

車縫

3. 將袋口布邊以2褶方式收
　 邊縫合。

車縫

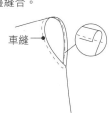

4. 以滾邊方式縫合袋底。

滾邊條的處理方式

布的正面朝外　　熨燙

(正面)

滾邊條靠齊
布邊縫合

5. 袋口以平針縫(參照p.98)
　 縮縫至寬度為5公分作為提
　 把。

縮縫

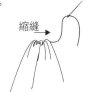

+ 小提醒

在布上面染色或印色，以熨
斗高溫整燙，可幫助色料充
分滲入布的纖維中，讓顏色
可以比較持久不退色唷！！

布面

型板

+ 成品尺寸　　單位：公分

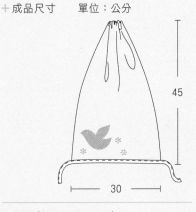

45

30

+ 製圖(縫份外擴1公分)

滾邊條　　　袋身

雙　　5　　雙

20

50

車止點　　車止點　　45

4

30

6. 以西卡紙鏤刻成型板，利用
　 型染比刷或海綿沾色拓染上
　 色。

其餘小花可用橡皮擦雕
刻圖案蓋印(做法參照
p.82)，待圖案拓印完
成，以熨斗燙熨即成。

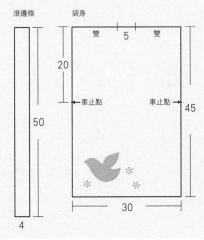

拓染時，型板務必壓牢，否
則會造成滲墨的情形。顏料
也不要調的太水，太水會容
易渲染到邊緣以外的範圍，
最好是控制在比膠水再稀釋
一點，是比較安全的狀態。

②
一塊布、零碼布完成的超省布雜貨

43

一個袋子、兩個面，

上午上課的時候是這面，

下午約會換一面；

兩個面有不同的感覺，

但都是我的專屬風格唷！！

圓形雜物袋

袋子

+ 材料

棉布外片：寬80X長52公分 1片
棉布裡片：寬80X長52公分 1片

+ 做法

如製圖所示繪製紙型，裁剪所需要的布片。

---

1. 裡、外片皆同樣的方式：縫合時反面朝外，先將單邊把手縫合固定。

車縫
珠針
（反面）
（反面）

2. 把手裡、外片縫合，翻至正面。

由此處將把手翻到正面
車縫
（反面）
車縫
要翻至正面前記得在轉彎處剪牙口，袋型才會漂亮。

3. 裡、外片對齊後縫合，記得留返口。

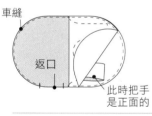
車縫
返口
此時把手是正面的

4. 翻到正面後以藏針縫（參照p.100）縫好收口。

+ 胸花

材料

別針：1只、碎布：適量(胸花用布)、釦子：1顆

+ 做法

裁剪所需要的圓型布片。

1. 將12公分大小的2片交錯疊在一起，並且摺成Z字型。

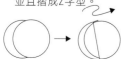

2. 橫向再摺一次Z型，並且盡量調整成圓形，另外兩個小圓也是一樣的做法。

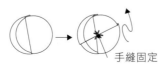
手縫固定

+ 成品尺寸　　單位：公分

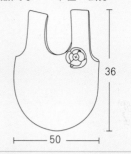
36
50

+ 製圖（縫分外擴0.5公分）

外片、裡片 各2片

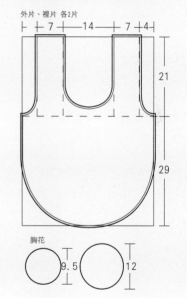
7　14　7　4
21
29

胸花
9.5　　12

---

3. 大小兩朵花互疊在一起，縫上釦子，反面縫上胸花專用別針頭即成。

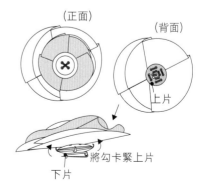
（正面）
（背面）
上片
將勾卡緊上片
下片

橢圓形雜物袋 | Oval Bags |

袋子裡準備了切好的水果、好吃的三明治，我們去野餐吧！美術館旁的大草坪視野好，我們可以一起數劃過天際的飛機、一起看天邊的雲。

橢圓形雜物袋

+ 材料
　棉布外片：寬75X長60公分 1片
　棉布裡片：寬75X長60公分 1片

+ 做法
　如製圖所示繪製紙型，裁剪所需要的布片。

1. 將外片和裡片各片連接縫合。

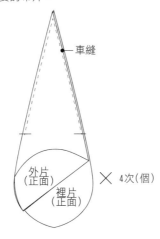

車縫

外片
（正面）

裡片
（正面）

╳ 4次(個)

2. 連接縫合下半段，並於裡片其中一段留
　約5公分返口待翻至正面。

紅色虛線與藍色虛線代表布
片與布片接合的段落，一直
到中心車止線終止，然後換
另一片與另一片接合。

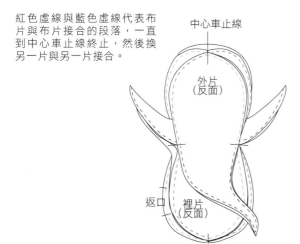

中心車止線

外片
（反面）

返口

裡片
（反面）

+ 成品尺寸　　單位：公分

55

40

+ 製圖 (縫分外擴0.5公分)

外片、裡片 各4片

20

30.25

55

車止點　　車止點

13.75

11

10　10

3. 翻至正面後以藏針縫（參照p.100）
　收口即成。

使用時打結
方便提拿！

袋口打結東西就
可以安穩的不會
掉出來唷！

筆記本書衣

＋材料
棉布A：寬19.4X長22.1公分 1片
棉布B：寬19.4X長6.5公分 2片
棉布C：寬22.1X長2.8公分 2片
　　　寬25X長2.8公分 2片
繡線：適量

＋做法
如製圖所示繪製紙型後，裁剪所需要的布片。

1. 先將口袋開口處以三褶的方式縫合布邊

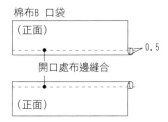

棉布B 口袋

（正面）
開口處布邊縫合
0.5

（正面）

2. 如圖所標示位置，將口袋和本片以滾邊方式縫合。

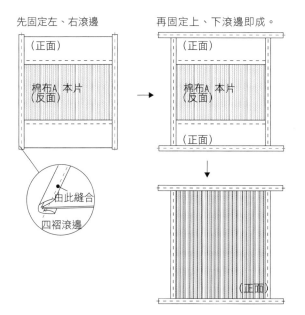

先固定左、右滾邊
（正面）
棉布A 本片
（反面）

再固定上、下滾邊即成。
（正面）
棉布A 本片
（反面）
（正面）

由此縫合
四褶滾邊

（正面）

＋成品尺寸　　單位：公分

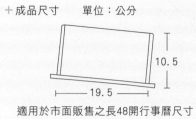

10.5
19.5
適用於市面販售之長48開行事曆尺寸

＋製圖（縫份外擴0.8公分）

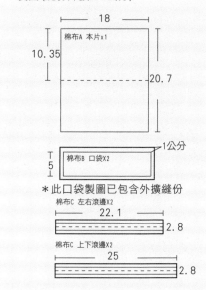

18
棉布A 本片x1
10.35
20.7

棉布B 口袋X2
1公分
5

＊此口袋製圖已包含外擴縫份
棉布C 左右滾邊X2
22.1
2.8
棉布C 上下滾邊X2
25
2.8

筆記本書衣
Note Book Covers

每個人的筆記本裡，
有一些不想被知曉的小秘密，
這些筆記本，
也收藏記憶也預約未來。

書衣&筆袋 | Book Covers & Pen Bags

一杯茶、一盤餅乾、一個閃耀的季節、一本書，我在和風吹拂的午后閱讀。

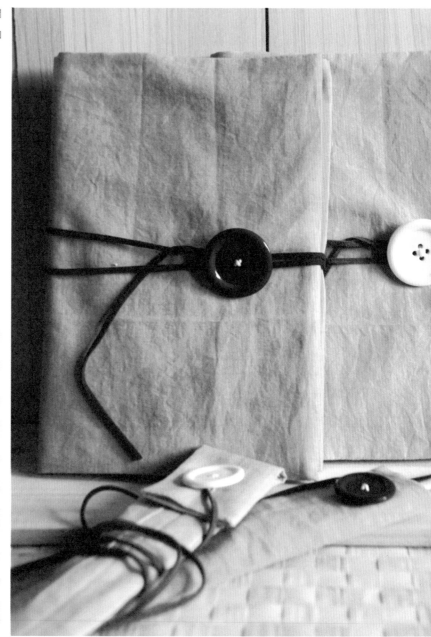

✛ 成品尺寸
單位：公分

書衣

市售一般25開本尺寸通用，並且可以調整橫向尺寸。

筆袋

書衣&筆袋

書衣

+材料

棉布外片：寬55X長2公分　1片
棉布裡片：寬55X長2公分　1片
釦子：直徑3～4公分　1枚
粗線繩：粗0.3X長90公分　1條

+做法

如製圖所示繪製紙型，裁剪所需要的布片。

1. 將固定帶對摺後縫合，並翻至正面。

2. 將書衣外片和裡片如圖所示的位置，布邊以三褶方式收邊縫合。

3. 將外片、裡片、固定帶三片縫合，並於封面處固定釦子以及皮繩即成。

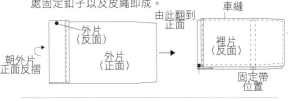

筆袋

材料

棉布外片：寬11X長27.5公分　1片
棉布裡片：寬11X長27.5公分　1片
釦子：直徑2～3公分　1枚
粗線繩：粗0.3X長90公分　1條

+製圖

書衣 (縫份外擴1公分)

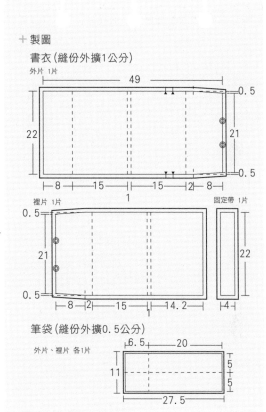

筆袋 (縫份外擴0.5公分)

外片、裡片　各1片

+做法

如製圖所示繪製紙型，裁剪所需要的布片。

1. 將外片和裡片的單一短邊縫合。

2. 攤開後，短邊對摺縫合其中二邊，留裡片短邊做為返口。

3. 翻到正面，將裡片的返口以藏針縫(參照p.100)縫好返口，並於外片袋口處固定釦子以及皮繩即成。

+小提醒

如何固定釦子和皮繩？→

竹筷子的功用在於固定釦子和布片之間的距離，確保在手縫過程中距離不會忽大忽小。

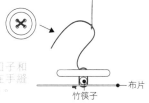

抽出筷子，以同一條繡線繞滿釦子和布中間線段，這是可以讓皮繩有厚度空固定並且增加線的堅固性。

皮繩以繡線固定即成。

*紅色部分為繡線示意圖

2

一塊布、零碼布完成的超省布雜貨

錢包

+材料
棉布外片：寬33X長16公分 1片
棉布裡片：寬33X長12公分 1片
芯：寬32X長11公分 1片
繡線、碎布：適量
拉鍊：15公分長 1條

+做法
如製圖所示繪製紙型，裁剪所需要的布片。

1.在袋身外片用熨斗將芯加熱貼粘。

2.如果袋子表面想要有其他的裝
飾，可以現在手縫或加工。

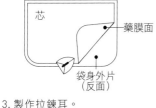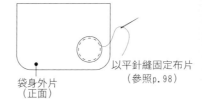

袋身外片
（反面）

以平針縫固定布片
（參照p.98）

3.製作拉鍊耳。

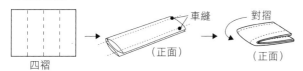

4.在袋身外片、裡片固定拉鍊。

5.拉鍊固定後縫合裡片和外片，並留返口翻
正後以藏針縫（參照p.100）縫好返口。

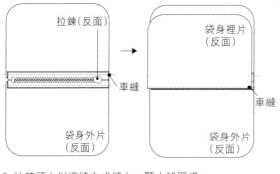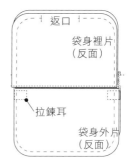

6.拉鍊頭上以縮縫方式縫上一顆小球即成。

以平針繞著圓片布邊緣縫一圈
後，塞入塑膠棉花，並以針線縫
緊，固定於拉鍊頭上。

+成品尺寸　單位：公分

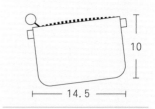

+製圖（縫分外擴0.5公分）

外片、裡片 各2片
芯 2片(不外擴0.5公分縫份)

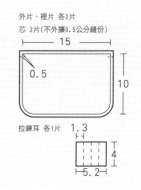

拉鍊耳 各1片

52

錢包 | Purse |

信用卡、鈔票、零錢、
一張剛剛去便利商店買東西的發票，
好方便的錢包！
一下子收納，
讓我這個大懶鬼啊！
一次帶齊常用的卡片和零錢，
真是方便！

餅乾磁鐵 │ Cookie Magnets │

嘿！！記得星期天的約會唷！
餅乾磁鐵壓著備忘便條，你可
千萬別忘記！！

How to Make

餅乾磁鐵

+ 材料
　不織布、繡線：適量
　強力磁鐵：直徑1公分　4枚

+ 做法
　1. 裁剪所需要的布片，先以法式結粒繡 (參照p.99) 縫
　　好正面的四個餅乾小點。

　2. 依序將正面布片、磁鐵、後片以釦眼繡 (參照p.99)
　　縫合即成。(方餅乾做法皆同)

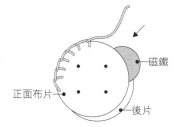

磁鐵
正面布片
後片

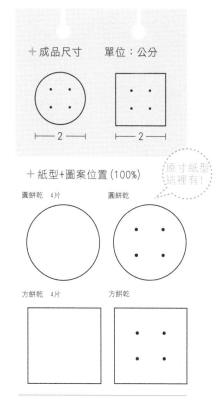

❷

一塊布、零碼布完成的超省布雜貨

55

小鳥&葉子書籤

＋小鳥&葉子

材料

零碼布：適量

繡線：適量

緞帶：寬0.4X長22公分　2條

＋小鳥

做法

1. 沿紙型裁剪所需布片。

2. 先將鳥喙反面朝外縫合，留返口翻到正面。

←返口

縫份0.5公分

3. 將翅膀以平針縫(參照p.98)縫於身片，眼睛線條也以平針縫繡好，前後皆同。

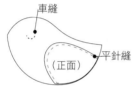

車縫

平針縫

（正面）

4. 正面朝外以平針縫沿著邊緣將前後片縫合，同時鳥喙和對摺後的緞帶也一起縫合固定即成。

＋葉子

做法

1. 沿紙型裁剪所需布片。

2. 將葉子正面朝外，前後片重疊，以平針縫繡上葉脈與邊緣縫線，同時連同以對摺的緞帶一起縫合固定即成。

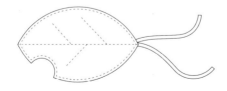

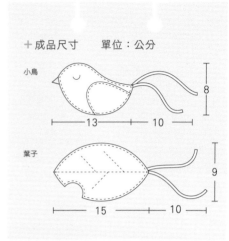

＋成品尺寸　　單位：公分

小鳥

8

├─13─┼─10─┤

葉子

9

├─15─┼─10─┤

＋紙型(30%)

小鳥

紙型這裡有！

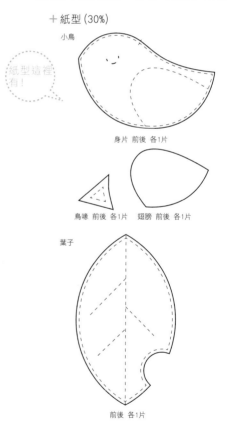

身片 前後 各1片

鳥喙 前後 各1片　　翅膀 前後 各1片

葉子

前後 各1片

小鳥&葉子書籤
Bird & Leave Bookmarkers

那一頁，
也許收著深刻感動，
用書籤做個記號，
待下次想起的時候可以再翻開這一頁，
再一次回味曾經的感動。

杯墊 | Coasters

幾片碎布拼拼湊湊，

就是一個獨一無二的杯墊了，

很省布又省時，

試試看唷！

杯墊

+材料
　平時裁剩下的棉布：適量
　底片棉布：長11X寬11公分　1片

+做法
1. 將平常裁縫時剩下的一些零碎的布，以相同色系或
　或特殊的搭配後將各片布車縫起來，使其成為一片
　拼布。

2. 修剪成長寬11公分的正方形，完成尺寸是10公分，
　所以縫份為0.5公分，此為外片。

3. 將事先準備好的底片用布和剛剛修整好的外片反面
　朝外的一起縫合，並且留返口翻至正面。

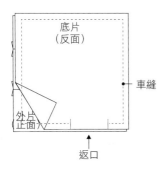

+成品尺寸　　單元：公分

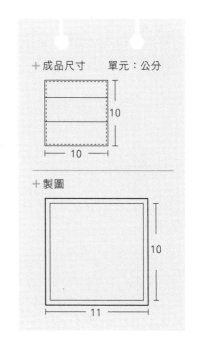

4. 翻正後，以藏針縫(參照p.100)收口，並且以平針
　縫(或車縫)在邊緣壓線即成。

小鳥&水滴香包
Bird & Bead Perfumed Bag Dangles

有些氣味會一直保留在記憶中，
日子一久會逐漸忘記，
但有一天風吹來恰好勾起深埋的往日記憶，
想起一段淡忘的故事。

小鳥&水滴香包

紙型在 p.103

+小鳥

材料

棉布：適量、細棉繩：20公分長 2條、
毛線、珠珠、塑膠棉花：適量

香氛包

+做法

1. 裁剪所需要的布片，將翅膀以平針縫（參
   照p.98）縫合在身片上，並且縫上眼睛線
   條。

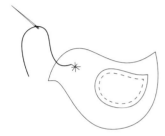

2. 以三隻手指讓毛線繞三圈，在末端以同條毛線繞2
   圈後打結，製作小鳥尾巴。

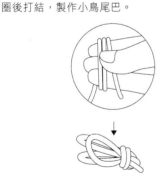

3. 依序將串好珠珠的棉繩、尾巴都定位，一起縫合，
   並留返口。翻至正面後塞入棉花與香氛屑，以藏針
   縫（參照p.100）縫好返口即成。

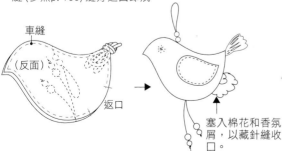

車縫

（反面）

返口

塞入棉花和香氛
屑，以藏針縫收
口。

+成品尺寸　單位：公分

9

12

12

8.3

+水滴

材料

棉布：適量、細棉繩：20公分長 1條、
珠珠、橡皮擦（刻印用）、塑膠棉花：適量

+做法

1. 裁剪所需要的布片，以美工刀在橡皮擦上刻印，在
   縫合水滴前將圖案拓印在布片上。

HAPPY

2. 將前後片正面朝外，並把事先串好珠珠的棉繩就定
   位，以平針縫（參照p.98）縫好即成。

香氛屑

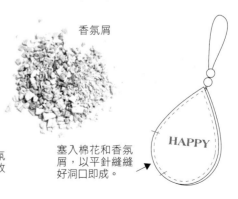

HAPPY

塞入棉花和香氛
屑，以平針縫縫
好洞口即成。

手邊剩下很多零碎的布邊，丟掉覺得捨不得，但全數留下累積久了卻會佔空間，所以我常常花心思在如何消耗這些碎布，其中一個方法，就是當成包裝禮物的配件。

已經好久不上文具店買包裝紙了，加上有一堆現成的材料供我應用，實在不需要去購買跟大家一樣的包裝紙。

在這裡分享我包裝的撇步，讓你的親友收到你的禮物時，會有接收到深深誠意的感覺唷！

這裡就以包包和糖果做為禮物的包裝主角，準備好包裝材料與碎布，開始囉！

做法：

1. 在大小適中的布片上縫上布條

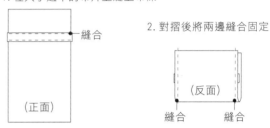

2. 對摺後將兩邊縫合固定

3. 翻正後將包包 (禮物) 放進去，將袋口以扇型方式摺疊，並以繡線縫上一個十字繡即成。

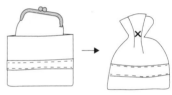

口金包的包裝材料：
薄棉布：1片
印花棉布：適量
繡線：適量

糖果的包裝材料：
描圖紙：A4尺寸 1張
直條紋布：適量
繡線：適量

做法：

1. 將描圖紙橫向左右往中心摺後手縫
   固定。

2. 底部約摺2公分，手縫固定。

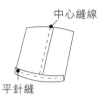

3. 將布片對摺後放入描圖
   紙袋內。

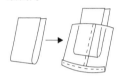

4. 將糖果放入袋內，袋口和底部一樣
   摺2公分，縫合固定，並打上蝴蝶
   結即成。

沒有中心縫線為正面

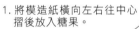

模造紙：8開尺寸1張

文字印花布：1片

繡線：適量

1. 將模造紙橫向左右往中心
   摺後放入糖果。

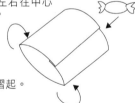

2. 將兩邊開口也摺起。

3. 翻面後將布片放上，以繡線
   一併綁起即成。

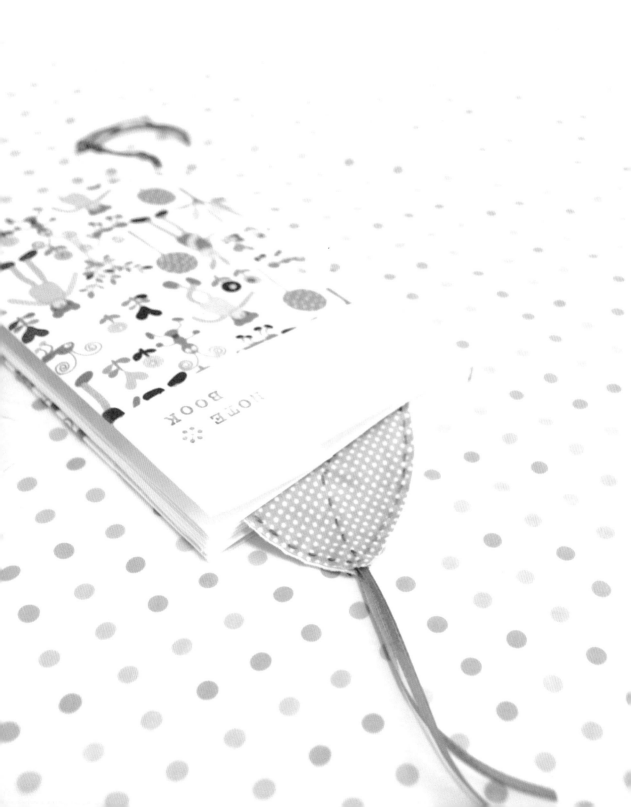

Part ③

布和其他材質結合的最夯雜貨

自製筆記本 | Self-Made Notebooks

那天聽説你愛塗鴉，
所以動手做了一本手工筆記本，
送給你的這本筆記本，
希望你會喜歡。

自製筆記本

+ 材料

　內頁：4K尺寸紙張 4張
　封面：8K尺寸500磅牛奶紙 1張
　布料適量、橡皮擦(刻印用)：適量
　白膠(或強力膠)、手縫線：適量

+ 做法

1. 將四開尺寸的紙連續對摺三次。

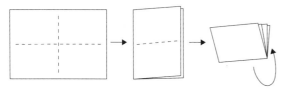

3. 各處的孔位以手縫線開始手縫固定即成，其他三張四開紙張處理方式皆同。

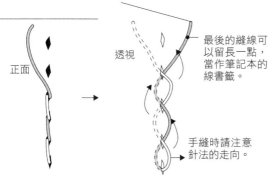

正面

透視

最後的縫線可以留長一點，當作筆記本的線書籤。

手縫時請注意針法的走向。

5. 在裱上封面之前，先將三邊以美工刀裁修整齊，裁掉0.2公分左右。裁完後，裱上事先裁切好，算好書背的封面即成。

書背

美工刀

0.2公分 尺

上膠

書背

+ 成品尺寸
　單位：公分

NOTE BOOK

19

13.4

2. 在第四次對摺時，於中心線的地方以四孔菱斬打洞，便於穿線固定紙張。

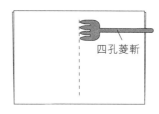

四孔菱斬

4. 以2支長尺，將四小本內頁對齊疊放，然後以橡皮筋綁緊長尺，在書背位置上膠。

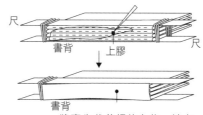

尺

書背

上膠

尺

書背

將事先裁剪好的布條，裱在書背上，日後翻筆記本時，頁面比較不會鬆脫。

＋ 小提醒

裱上書背布條後，在膠還沒全乾前可以壓上重物，讓書背更紮實貼緊。→

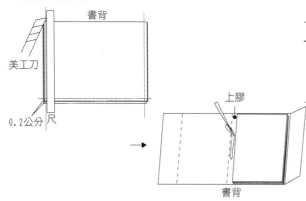

❸

布和其他材質結合的最夯雜貨

萬用卡片

紙型在 p. 103

＋材料

棉布、不織布、緞帶：適量、
橡皮擦（刻印用）：適量
500磅牛奶紙：4開 1張
內卡用紙：A4 1張
粉彩筆

＋成品尺寸
單位：公分

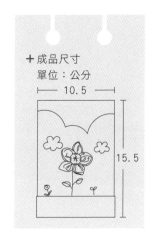

＋做法

1. 剪好所需要的圓布片，五片，摺成四分之一 等份後以平針縫(參照p.98)縮縫，串連起來。

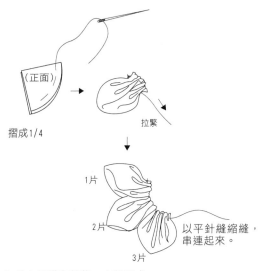

（正面）

摺成1/4

拉緊

1片

2片

3片

以平針縫縮縫，串連起來。

2. 縫上不織布花蕊，小花即成。

3. 依紙型裁好卡片用紙，並將小花貼粘在適當位置。

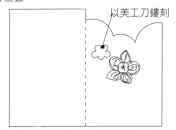

以美工刀鏤刻

4. 以布條裝飾畫面。

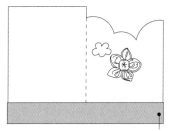

背面以雙面膠貼合

5. 以粉彩筆等繪圖工具，為卡片的背景上一些色彩吧！！

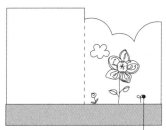

以黑色簽字筆手繪

6. 加上配好顏色的內卡，附上市售的信封，就是一張完整的萬用卡片唷！！

萬用卡片 | Self-Made Cards

嘿！！好久不見囉！
最近的你好不好呢？
海芋花季都過了，
這次要不要來看看荷花呢？

名片本子 | Leather Card Cases

天天和時間賽跑的你,還記不記得那幾年我們悠閒的在海邊看夕陽的日子呢?名片夾中收集的除了有你通往夢想的路徑,有沒有留著當年下課一起衝到福利社的記憶呢?

名片本子

＋材料

2mm厚雕刻皮：厚0.2X寬15.5X長14公分 1片
六孔或四孔菱斬、膠板、木槌、麻線、
強力膠、名片內頁：適量

＋做法

如製圖所示繪製紙型，裁剪所需要的皮料。

1. 將圖中a、b處以強力膠局部貼粘。

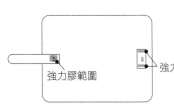

強力膠範圍

強力膠範圍

以牙籤等尖銳物沾取強力膠，較易控制塗抹在黏貼表面的膠。

2. 圖中a、c處以單孔菱斬打洞，b處以四孔或多孔菱斬打洞。

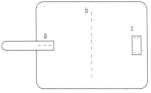

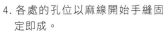

單孔菱斬　　四孔菱斬

＋ 小提醒

打洞可幫助手縫時方便穿針引線，在打洞之前，先以鉛筆輕輕在皮面畫出基準線，方便打出走向一致的孔位。→

3. 依據做法2中的b處，也在名片內頁的中心線上以菱斬打出和封面一樣的孔位，方便以針線手縫固定內頁於封面上。

內頁

內頁的孔位因為要和封面組合，所以一定要對齊。

4. 各處的孔位以麻線開始手縫固定即成。

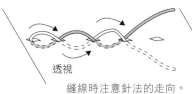

透視

縫線時注意針法的走向。

完成後線的走向

＋成品尺寸　　　單位：公分

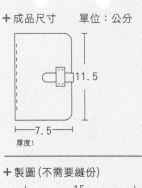

11.5

7.5

厚度1

＋製圖 (不需要縫份)

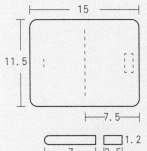

15

11.5

7.5

7　　2.5　　1.2

＋排版

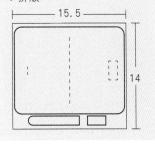

15.5

14

麻線和皮革是非常相稱的材質，建議可在縫製皮件時選購使用。

3

布和其他材質結合的最夯雜貨

製作皮件作品的最基本知
識都在這裡！！

如何處理皮材？

關於皮料

皮料依鞣製方式的不同會有不同的特性，大致上分有兩種製法，一是植物鞣，另一則是鉻鞣。

植物鞣顧名思義是以植物粹取的鞣質來鞣製皮革，質地堅韌，常聽到的雕刻用皮就是這類的製法。

鉻鞣是以鉻來揉製皮革，雖然製作時間與成本都比植物鞣來的省，但畢竟是化學物質，多少有一些污染之虞，製作出來的皮革比較柔軟。

本書中兩件皮件作品，分別有植物鞣的雕刻皮（原皮色）與鉻鞣的小羊皮，雕刻皮因厚度較厚，在縫製成品中需要以菱斬打出供針線使用的孔位，較柔軟且薄的小羊皮依需求不同也可以直接手縫或者使用縫紉機。

買皮料

在台灣皮料是以「一片」為大單位，但如果你所需要的不用一整片（一整片通常為一隻或半隻動物的背部大小）可以「才數」來購買，1才通常是30.3公分見方乘以定價方式計價，對於用皮量較少的朋友是比較合適的購買方式。

皮件的紙型

布類的紙型通常只要畫在堅硬不易損壞的紙材就可以了（比如牛皮紙），但是因皮件的紙型通常需在被裁剪的皮上描繪輪廓，加上皮件的質感不同於布的柔軟，只要紙型尺寸有些偏差，很容易在成品看出來或者發生尺寸不合的情況，因此，尺寸正確且不容易變形的紙型相當重要。這裡建議使用300磅到500磅厚度的紙卡當作皮件的紙型，因為有厚度，描繪於皮料上的過程更順暢，也方便保存不易被摺到。

皮件的縫製

裁切與打孔工具

通常我使用美工刀裁皮，市售有專門裁皮的工具，但因為我的工具實在太多，加上一開始接觸皮革時養成的習慣，所以到現在仍然使用一般美工刀與剪刀來裁皮。

你可以使用手縫方式來製作皮件，手縫通常會有輔具幫助穿針引線，否則以徒手在有厚度的皮料上穿針引線實在是費力又傷手，所以建議要做前先準備打針孔用的菱斬。菱斬分有許多孔位，我習慣用的是單孔與四孔菱斬，四孔菱斬是用來打直線手縫時的孔位，單孔菱斬是用來遇到直角的孔位而四孔斬不能打的時候用的。

手縫線與針

縫製皮件使用的線都是麻線，然後以兩支針一起配合雙手縫製(線的縫製圖解參照P.71)，

強力膠

除了以針線縫合皮作品，在縫合前的動作中，先上膠粘著的動作也是相當重要。皮不比布料可以車縫增加接合強度，因此上膠粘著可以增加皮件使用上的耐久度。

市售的強力膠品牌很多，在這裡建議慎選品質穩定的強力膠。這裡推薦一般常見南寶公司出品的強力膠，分有罐裝與條狀(參照p.6)，可依需求購買。

品質穩定的強力膠黏性強，尤其在用於「有機類」的材質上更能有效的接著，而有機類的材質包含：皮料、布料、木頭等。

布和其他材質結合的實務設計

小貓鑰匙包 | Leather Cat Key Cases

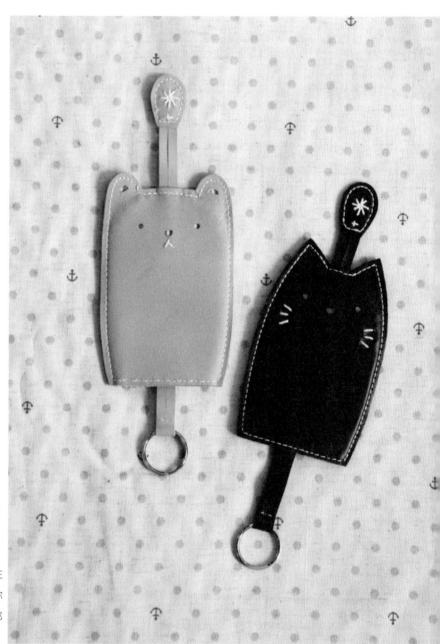

出門上班的時候你陪著我、
回家的時候你也陪著我，在
咖啡館看窗外行人的時候你
也陪著我，無時無刻你都
在，你真是我的好夥伴。

74

How to Make

小貓鑰匙包

紙型在 p.104

＋材料
　小羊皮：厚0.1X寬19.5X長14公分　1片
　裡片棉布：寬16X長12公分　1片
　芯：寬14X長10公分　1片
　麻線適量、2.2公分圈環　1個、打洞工具

打洞工具

＋做法

1. 沿紙型在皮革的背面描下輪
　廓，便於剪裁。

（反面）
紙型
（反面）
小羊皮

2. 眼睛和鼻子以打洞工具（尺
　寸約0.2～0.3公分直徑）打
　出。剩下鼻子的部分以美工
　刀刻鏤。

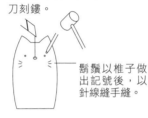
鬍鬚以椎子做
出記號後，以
針線縫手縫。

3. 以美工刀或剪刀將所需要的形狀剪下，並且沾取適量的強力膠
　塗抹在皮片的邊緣0.2公分處，然後前後片粘合。

此處預留1公分，待
之後提帶穿過。

同前片，預留
1公分。

前片與後片貼
合。

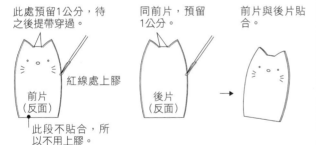
紅線處上膠
前片
（反面）
此段不貼合，所
以不用上膠。
後片
（反面）

4. 將內裡棉布以熨斗貼上芯，
　並且縫合。

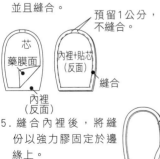
預留1公分，
不縫合。
芯
藥膜面
內裡+貼芯
（反面）
縫合
內裡
（反面）

5. 縫合內裡後，將縫
　份以強力膠固定於邊
　緣上。

紅線處上膠，並
貼合縫份。

6. 將內裡置入外片中，在
　距離邊緣0.2公分處以菱斬
　打洞，並且以手縫方式縫合
　（參照P.71）。

縫合
在縫合過程中，圖中藍線處
前片和後片必須單獨縫合。

＋成品尺寸　　單位：公分

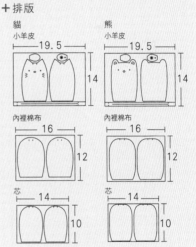
貓　　　　　　　　熊
11　　　　　　　　11
7　　　　　　　　7
提帶16公分

＋排版

貓
小羊皮
19.5
14

熊
小羊皮
19.5
14

內裡棉布
16
12

內裡棉布
16
12

芯
14
10

芯
14
10

7. 將提帶頭縫於提帶上端，穿入鑰匙
　包內，手縫固定鑰匙圈後即成。

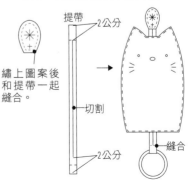
提帶
2公分
切割
2公分
縫合
繡上圖案後
和提帶一起
縫合。

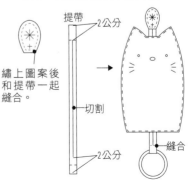
3
布和其他材質結合的最夯雜貨

75

紙型在
p.104

＋材料

羊毛、繡線：適量

洗衣袋：1個、塑膠手套：1雙

淺盤：1個、肥皂水：適量

厚塑膠袋：1只

＋做法

　　買東西的時候，裝商品的塑膠袋可以用來當製作羊毛氈時的紙型，因為製作羊毛氈時需要浸水，使用紙張當紙型一下子就會破損了。

　　此外，選用塑膠袋當紙型時，應該選擇厚一點的塑膠袋，比較不容易變形唷！

這裡以白色籃子示範步驟

1. 將需要的造型從塑膠袋上剪下來，放置在淺盤上。

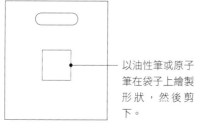

以油性筆或原子筆在袋子上繪製形狀，然後剪下。

（厚塑膠袋）

2. 參考下列的圖解調整羊毛，並將羊毛以「井」字交錯，堆疊3層在紙型上。

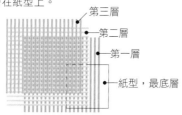

第三層
第二層
第一層
紙型，最底層

3. 灑上肥皂水將濕羊毛和紙型一起翻面，並將邊緣的羊毛整齊的撥進目前還沒鋪羊毛的面。

羊毛

（反面）

四邊皆整齊的將邊緣多的羊毛往內撥。

4. 雙手調整捏塑，過程中可視情況而定補充 1 至 2 層的羊毛補充時建議以橫向繞著外圍，並且隨時搓捏邊緣，使這個平面方形變成立體盒狀的方形捏的方式類似捏黏土的方式，但要隨時補充肥皂水且不停搓和捏。

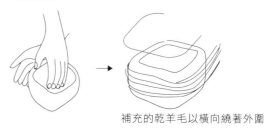

補充的乾羊毛以橫向繞著外圍

5. 在反覆搓揉數次之後，當羊毛氈化後即可擰乾，待完全乾燥後便可手縫其他的配件與加工。

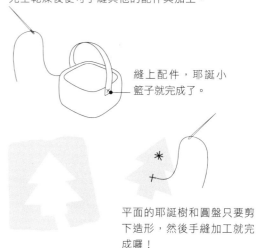

縫上配件，耶誕小籃子就完成了。

平面的耶誕樹和圓盤只要剪下造形，然後手縫加工就完成囉！

耶誕吊飾 | Christmas Dangles |

秋天快到了，
接下來冬天也要來了，
用這雙手，
為即將到來的季節製作一連串的祝福吧！

糖果袋 | Sweet Bags |

袋子裡裝著什麼呢?什麼都有
吧！那你想裝什麼進去呢？
想裝什麼就裝什麼吧！當然
也可以只放入滿滿的七彩糖
果啦！

糖果袋

+材料
　不織布外片：寬60X長30公分　2片
　棉布裡片：寬30X長30公分　2片
　雕刻皮：厚0.2X寬1.5X長22公分　1片
　碎布和繡線：適量

+做法
　如製圖所示繪製紙型後，裁剪所需要的布片。

1. 將不織布外片對摺後車縫，裡片也一樣。

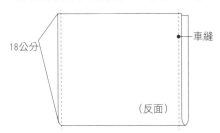

18公分

車縫

（反面）

2. 從側面底部量出寬度10公分的尺寸，車縫固定。

10公分車縫，左右、
裡外片皆同。

側面底部　　　　車縫

3. 不織布外袋、裡片反面朝外，組合後於袋口0.5公
　 分處縫合，並且留返口。翻到正面後以藏針縫 (參
　 照p.100) 縫好返口。

4. 在袋子兩側的接合線
　 上，手縫固定皮提把
　 即成。

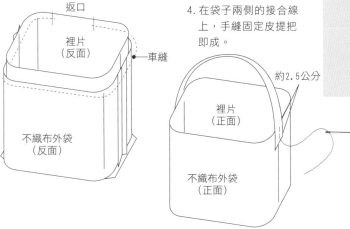

返口

裡片
（反面）

車縫

不織布外袋
（反面）

約2.5公分

裡片
（正面）

不織布外袋
（正面）

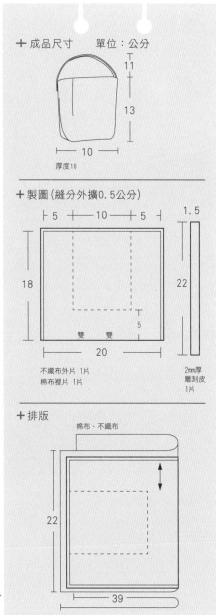

+成品尺寸　　　單位：公分

11

13

10

厚度10

+製圖 (縫分外擴0.5公分)

5　　10　　5　　　　1.5

18　　　　　　　　　　22

雙　　雙

5

20

不織布外片 1片
棉布裡片 1片

2mm厚
雕刻皮
1片

+排版

棉布、不織布

22

39

3

布和其他材質結合的最夯雜貨

79

置物小盤 | Sundry Plates |

針線、線軸、手機、
小貓喜歡的毛線球通通都放在這裡吧！
收納方便唷，
保證是你的收納好夥伴呢！

置物小盤

＋材料
各色不織布：長30X寬30 1片
棉布：長30X寬30 1片
繡線和珠珠：適量

＋做法
如製圖所示繪製紙型，裁剪所需要的布片。

1. 將各片缺角縫合，棉布和不織布的做法皆同。

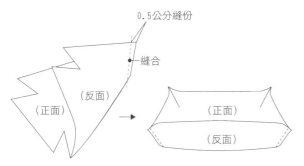

0.5公分縫份
縫合
（反面）
（正面）
（正面）
（反面）

2. 將裡、外片反面朝外的方式從邊緣縫合，並留 返口翻面。

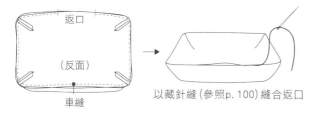

返口
（反面）
車縫
以藏針縫（參照p.100）縫合返口

3. 以釦眼繡（參照p.99）與串珠裝飾布盤邊緣即成。

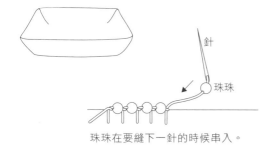

針
珠珠
珠珠在要縫下一針的時候串入。

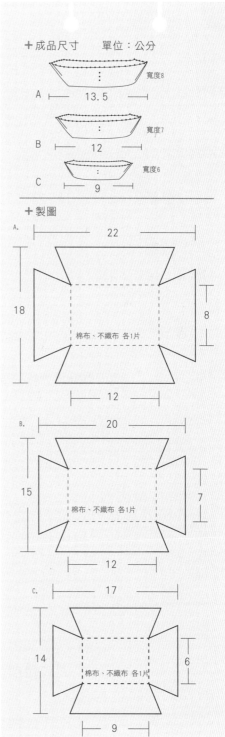

＋成品尺寸　　單位：公分

A ├── 13.5 ──┤ 寬度8

B ├── 12 ──┤ 寬度7

C ├── 9 ──┤ 寬度6

＋製圖

A. ├──── 22 ────┤
18
棉布、不織布 各1片
8
├── 12 ──┤

B. ├──── 20 ────┤
15
棉布、不織布 各1片
7
├── 12 ──┤

C. ├── 17 ──┤
14
棉布、不織布 各1片
6
├── 9 ──┤

❸
布和其他材質結合的最夯雜貨

印章小物

+材料
橡皮擦(大小適中)、描圖紙、
2B鉛筆、壓克力顏料、海綿：適量

+做法

1. 在普通紙張上畫出自己喜歡的圖案。

普通紙張

2. 後用描圖紙和2B鉛筆再描一次。

描圖紙

3. 將描好的描圖紙，有鉛筆筆觸的那一面，朝欲刻印
的橡皮擦面按壓，讓鉛筆碳粉轉印到橡皮擦上。

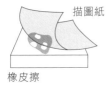

描圖紙

橡皮擦

4. 刀片沿著剛剛轉印的輪廓線開始刻劃，每刀的落點
必須是輪廓線偏外部的邊緣。

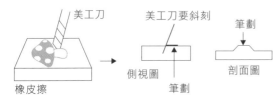

美工刀

橡皮擦

美工刀要斜刻

側視圖　　筆劃

筆劃

剖面圖

5. 刻完後可以將邊緣多餘的橡皮擦切除，這樣可以在
轉印的過程中不會弄髒轉印以外的部位。

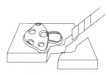

6. 想在作品印上自己的印章圖案，可先使用海綿沾取
顏料，輕輕的塗在印章上，或將橡皮擦圖案那面壓
在印台上，再印在作品上。因為書中轉印的作品是
需常常水洗的衣服、布料，所以建議使用耐水性的
顏料比較適合，這裡所示範的是壓克力顏料。

海綿綁在棒子
上，沾取顏料塗
抹在印章上。

+小提醒

因為刀片斜刻，所以全部刻完後的剖面會如圖所示的梯形，這為了讓筆劃
能更持久不易斷裂。而且在轉印的過程中施壓橡皮章時筆劃較不易因為受
力點小造成筆劃變形。→

印章小物
Rubbing Patterns on the Objects

耶？做了好多作品囉！

如果上面能再加一些

自己獨創的小圖案就更完美了，

那就使用橡皮擦刻印吧！

材料隨手可得，

做法也很簡單，

一下子上手唷！

做一個自己專屬的包包吧！
有復古的氣息還有自己的獨特風格唷！
配一個看了心情會很漾的色系，
為自己做一個獨一無二的口金包包吧！

How to Make

口金包包

紙型在 p.105

＋材料

棉布A：寬60Ｘ高22公分 1片
棉布B：寬27Ｘ高20公分 1片
棉布C：寬26Ｘ高52公分 1片
夾棉：寬26Ｘ高52公分 1片
蕾絲：寬1Ｘ長50公分 1條
包釦大、中、小：各1組
棉繩：粗0.4Ｘ長30公分 2條
小問號鉤：2個
鐵圈：直徑0.4公分 2個
　　　直徑0.6公分 2個
皮繩：寬0.4Ｘ長45公分 1條
　　　寬0.4Ｘ長2.5公分 2條
碎布：適量

＋做法

沿紙型裁剪所需要的布片。

1. 將外片棉布A與棉布B接合，與夾棉一起對摺縫合底部，抓底後並翻正。

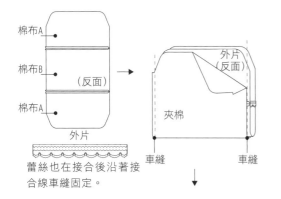

棉布A
棉布B
（反面）
棉布A
外片

外片（反面）
夾棉
車縫　　車縫

蕾絲也在接合後沿著接合線車縫固定。

抓底
4公分
外片
裡片（反面）

修剪抓底縫份，以減少底部厚度。
修剪

＋成品尺寸
單位：公分

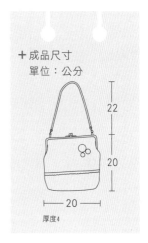

22
20
├── 20 ──┤
厚度4

2. 裡片也反面朝外，對摺車縫兩邊，置入外片與夾棉內，以藏針縫（參照p.98）將裡外片的接合處縫合固定。

外片（正面）

3. 先在口金的軌道裡上一層強力膠後，塞入袋口與棉繩。

先上膠

一起將固定提帶的兩條短皮繩分別塞入口金二邊。

4. 都塞好後找片有厚度的布隔著，以尖嘴鉗在口金軌道各處施壓夾緊開口，最後將鐵環和問號鉤安裝在小耳以及長皮繩兩端即成。

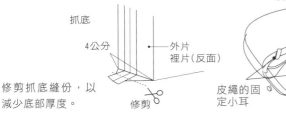

皮繩的固定小耳

以椎子施力將繩子塞入

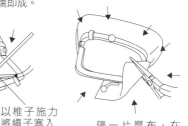

隔一片厚布，在塞好的口金邊緣以鉗子夾緊。

只要正確的丈量出口金尺寸，就能繪製出正確的口金包包紙型唷！！

如何丈量口金尺寸與紙型的繪製？

如何繪製口金包包紙型？

1.首先丈量口金尺寸，量出A與B的尺寸來。

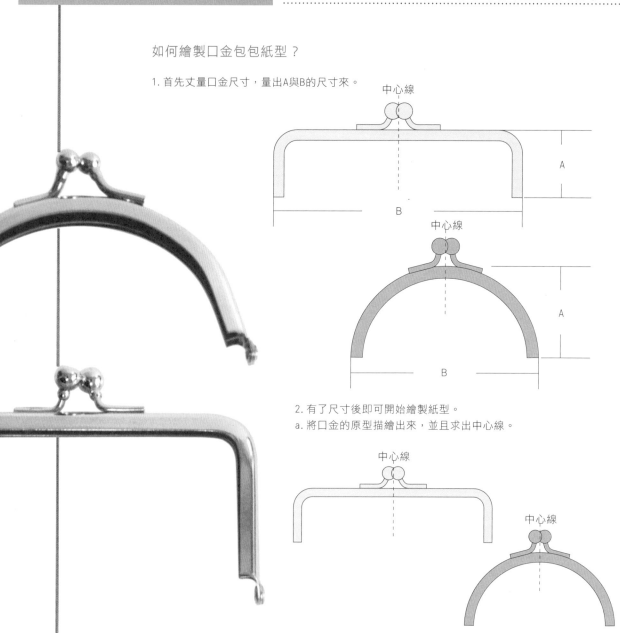

2.有了尺寸後即可開始繪製紙型。

a.將口金的原型描繪出來，並且求出中心線。

b. 繪製開口兩邊斜度基準線，此時所繪製的基準線角
   度決定包包完成後的立體幅度，角度越大，包包厚
   度的立體幅度越大。

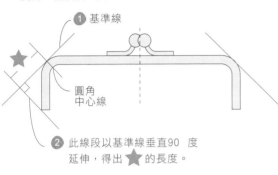

1 基準線

圓角
中心線

2 此線段以基準線垂直90 度
   延伸，得出 ★ 的長度。

1 基準線

2 此線段以基準線垂直90 度
   延伸，得出 ★ 的長度。

c. 向下延伸包包的深度與底部造型，並且丈量▲確
   認等於●即成。

確認此段長度等於 ●

▲

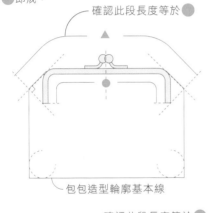

包包造型輪廓基本線

確認此段長度等於 ●

▲

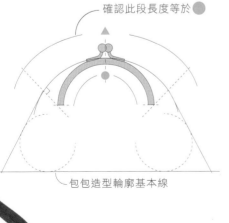

包包造型輪廓基本線

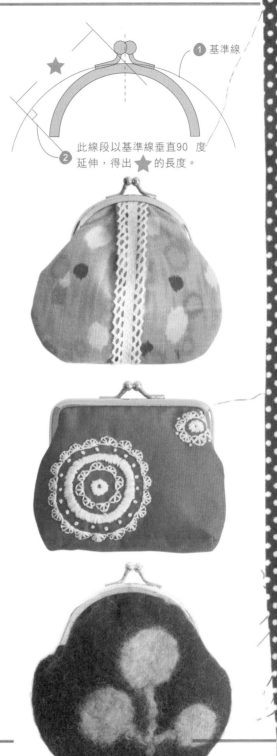

羊毛氈包包│Felt Bags│

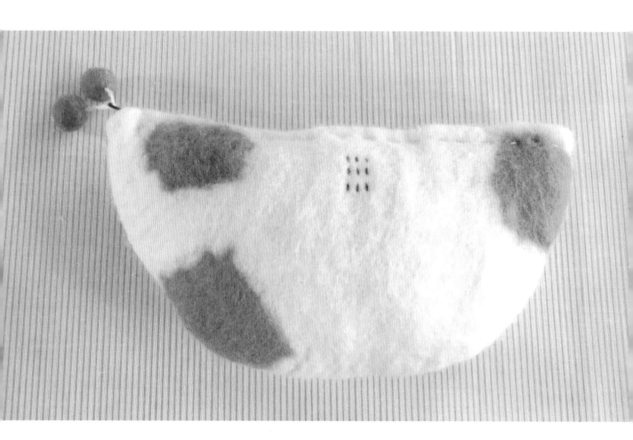

搓搓搓再捏捏捏！
白色底上加個抹茶，
再加個草莓，
柔柔的顏色，
有些許熱鬧的感覺。
屬於秋天的小包包，
咩～是羊毛做的。

How to Make 羊毛氈包包 紙型在 p.105

＋材料

羊毛：適量
繡線：適量
洗衣袋：1個
塑膠手套：1雙
淺盤：1個
肥皂水：適量
厚塑膠袋：1只

＋成品尺寸
單位：公分

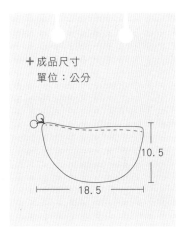

10.5

18.5

＋做法

1. 先將需要的造型從塑膠袋上剪下來，放置在淺盤上。

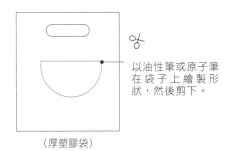

以油性筆或原子筆在袋子上繪製形狀，然後剪下。

（厚塑膠袋）

2. 參照P.76做法2.將羊毛拉扯調整，並且將羊毛以「井」字交錯，堆疊3層在紙型上。

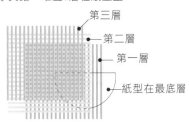

第三層
第二層
第一層
紙型在最底層

3. 灑上肥皂水將濕羊毛和紙型一起翻面，並將邊緣的羊毛整齊的撥進目前還沒舖羊毛的面。

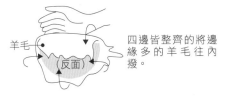

羊毛
（反面）

四邊皆整齊的將邊緣多的羊毛往內撥。

4. 以井字方式交疊蓋上2～3層的乾羊毛，填補沒鋪到羊毛的部位。

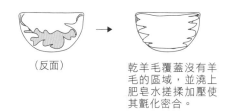

（反面）

乾羊毛覆蓋沒有羊毛的區域，並澆上肥皂水搓揉加壓使其氈化密合。

5. 剪開袋子開口的部位，抽出紙型，並且雙手調整捏塑，搓揉到表面的羊毛不容易被拉起散掉為止。

此段剪開

6. 在反覆搓揉數次之後，當羊毛氈化後即可擰乾，待完全乾燥後便可手縫其他的配件與加工。

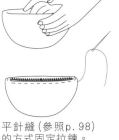

平針縫（參照p.98）的方式固定拉鍊。

＋小提醒

如何製作羊毛球呢？
取適量的羊毛直接灑上肥皂水，像搓湯圓一樣的來回搓揉，過程中不斷的繞上乾的羊毛，搓到羊毛球的大小是你要的為止。→

視需要繞上乾的羊毛，不斷的沾取肥皂水搓揉。

3
布和其他材質結合的最夯雜貨

拍出媲美日本雜誌夢幻逸品照片的小撇步

當作品完成後也許你會想要將它拍起來，常常覺得拍不出滿意的照片，懷疑自己的相機只是一般的數位傻瓜相機，當然拍不出像雜誌裡的質感？！

其實這些都不是相機的問題，在這裡就分享一些小秘訣，只要你依據這些重點再試試看，你會發現原來一直都錯怪你的小相機囉！

拍美照須注意的 4 個重點：

☆ 佈景

*買一張全開的底紙當作佈景襯在被拍物後面
*或者找一塊適合的布料整平後當背景

☆ 光線

*尋找家中有明亮光線的角落，最好是不用日光燈就有足夠光線的場所，像陽台、窗邊都是你可以嘗試的地方唷！

如果無法找到一個自然光線充足的地方，那就準備2盞檯燈，做補光動作。

p.90-91的範例照片都是這台傻瓜數位拍的啦!!／型號：Canon-IXY DIGITAL

背紙

補光檯燈最好使用白光的，避免黃燈泡光源，會干擾顯色，拍出來的照片會很黃唷！

補光檯燈

補光檯燈

最好使用腳架固定相機，拍出來的照片不容易晃動。

❸ 調整相機設定

白平衡

相機不比人眼可以清楚辨別所見色彩，因此必須有一套方法來讓相機正確的顯色。數位相機內部有一套用來計算顏色的方程式，計算的基準點就是白色。以下列舉的模式就是相機廠商預先在相機內部所做的設定，讓相機依不同環境光源所拍出來的白色，都能接近我們認知的白，讓照片有更漂亮的顯色。

白平衡模式
通用圖示

太陽光　陰天　燈泡　日光燈

*AUTO自動
讓相機自己去判斷所需要的白平衡模式，但因為是相機自己判斷，所以拍出來的顏色好壞全看運氣囉！

*太陽光模式
在室外有大太陽時選擇的模式，但如果在室內刻意選擇這個模式，拍出來的顏色則會偏黃，有時候溫暖的感覺也是不錯的。

*陰天模式
如果在室外卻沒有陽光、光線不強烈，或者在屋簷下、陰影裡就可以選擇這個模式。

*黃色燈光模式
如果你身處在照明來源是黃電燈泡的光源時，那
就試試看這個模式。

*日光燈模式
在室內並且點著日光燈照明時，你可以選擇這個
模式。

EXP（+/-）曝光值

"+"表示提高曝光度，在光源不足的地方要調比
較高的曝光值，才能拍出清楚的相片。

"-"表示減少曝光度，在比較亮的地方要把曝光
值調小點，否則就會曝光過度。

相機內定值都是中間值「0」，建議你在拍雜貨
作品時，可以稍微提高1～2格的曝光值，可讓畫面
更亮麗。此動作可以先試拍測試效果，然後再做微
調。

☆修圖與調色

拍出來的照片最後都得進入電腦裡，這是數位相
機的特點。但你一定不知道，百分之90的數位照片都
得以影像軟體修正它的色溫和明暗，所以，你得學習
一些使用軟體校正顏色的小技巧唷！

這裡以Adobe Photo Shop軟體中影像功能的
「調整/色階」或者「調整/曲線」這兩個功能來
調整，其原理是以照片中所見色彩原色的飽和度為
依據做調整，這方面詳細的操作，建議你去看看關於
Photo Shop的電腦工具書教學。

適當的調整白
平衡與增加曝
光值，能輕鬆
拍出亮麗的照
片作品。

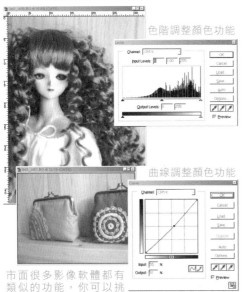

色階調整顏色功能

曲線調整顏色功能

市面很多影像軟體都有
類似的功能，你可以挑
選自己拿手的軟體。

+ 小提醒

使用閃光燈

自然光源

關於閃光燈，很多人誤以為只要開啟閃燈效果
就好，但其實數位相機上附屬的閃光燈功能不
比專業相機，依賴相機上的閃光燈只會讓你更
加挫折，拍出來的色彩、主角輪廓、背景都會
打折扣，所以，停用你的閃光燈吧！這是利用
傻瓜數位拍出好照片的第一步！！→

Part **4**

附錄

材料哪裡買？ | Where to Get the Materials?

全台各地的布行都可以逛逛，常會有意外的發現，因為地緣之便，我常在台南西門路上的西門商場 (台南當地人俗稱大菜市) 選購大部分的布料。還有各個街道散佈的材料商店，也常常有一些意外的發現。建議在不同縣市的你，不妨在空閒時候四處逛逛自家附近的材料店與布行，尋找新的商店和材料。

台北永樂市場可以說是台灣布料的集中地，從台北車站後站步行約20分鐘就可到達。這幾年因為在台北工作，閒暇之餘，也常常把永樂市場當成百貨公司逛，四處搜尋新的、漂亮的布，以及其他不錯的

周邊材料。

網路購買，是近年來出現的一個購買管道，當我懶得出門找材料，網路便是最好的選擇，只要將你所需的材料名稱輸入搜尋，即可找到令人滿意的答案，有些材料在市面上還真是很難找得到！說起價格也是經濟實惠，稱得上物美價廉。

*以下列出我常去以及朋友推薦不錯的商店：

北

❶ 大觀布行 (合成皮類)
台北市迪化街一段21號2樓2028室 (永樂市場2樓)
(02) 2558-6316

❷ 嶢千布業有限公司
(印花布、T/C布、燙片、拉鍊) 台北市迪化街一段21號2樓2059室、3樓3038室
(02) 2555-9398

❸ 傑威布行
(針織伸縮棉布、絨布、棉花、毛巾布)
台北市迪化街一段21號2樓2043室
(02) 2559-0877

❹ 強記有限公司 (尼龍布、緞面布)
台北市迪化街一段21號2樓2024室
(02) 2556-9051

❺ 協和工藝材料行 (皮雕相關材料)
台北市天水路51巷18號1樓
(02) 2555-9680

❻ 金泉飾品 (裁縫週邊材料零件)
台北市民樂街75號
(02) 2550-0203

❼ 大楓城飾品材料行 (串珠、鏈條、緞帶)
台北市延平北路二段79號
(02) 2555-3298

❽ 珠兒小姐服飾材料有限公司
台北市長安西路271號1樓
(02) 2559-6970

❾ 幅新手織
台北市忠孝東路四段177號7樓－1
(02) 2781-1699

北

❿ 羊毛氈手創館
台北市羅斯福路四段162號6樓－3
(02) 2366-0599

中

❶ 布工坊
南投市三和一路24號
(049) 220-1555

❷ 薇琪拼布 (拼布相關材料)
台中市興安路2段453號
(04) 2243-5768

❸ 喜佳縫紉精品 (兄弟牌縫紉工具與周邊)
台中市中正路131號1樓
(04) 2223-6618

❹ 德昌手藝生活館
台中市東區復興路四段108號
(04) 2225-0011

❺ 小熊媽媽股份有限公司
(裁縫週邊材料零件)
台中市中正路190號 (04) 2225-9977

❻ 六碼手藝社
彰化市長壽街196號
(04) 726-9161

❼ 吳響峻布莊
台中市繼光街83號
(04) 2224-2256

❽ 鑫韋布莊
台中市綠川東街70號
(04) 2226-2776

中

❾ 大同布行
台中市成功路140號
(04) 2225-6534

❿ 中美布莊
台中市中正路393號1樓
(04) 2224-4325

南

❶ 品鴻服飾材料行(縫珠、花邊、飾品)
台南市文南路304號
(06) 263-7317

❷ 正隆布行
台南市西門商場8號
(06) 220-6396

❸ 江順成(鈕釦材料、裁縫周邊材料)
台南市西門商場16號
(06) 222-3553

❹ 生活空間布坊
台南市西門商場24號
(06) 227-0314

❺ 清秀佳人
台南市西門商場22號
(06) 227-0314

❻ 福夫人布莊
台南市西門路2段145-29號 (西門商場)
(06) 225-1441

❼ 吳響峻棉布專賣店
高雄市新興區青年一路230、232號
(07) 251-8465

❽ 隆德貿易
高雄市復興二路25-5號
(07) 537-7198

南

❾ 小熊媽媽股份有限公司
高雄市林森三路182號(廣西路口)
(07) 535-0123

❿ 建新服裝材料、建新鈕釦
高雄市林森一路156號
(07) 281-1827

⓫ 秀偉手工藝材料行
高雄市十全一路369號
(07) 322-7657

⓬ 巧工拼布材料行
高雄市博愛路17號
(07) 323-4983

⓭ 宏偉手工藝材料行
高雄市三民區十全一路369號
(07) 322-7657

⓮ 英秀手藝行
高雄市五福三路103巷16號
(07) 241-2412

⓯ 宜宜手藝行
高雄市建興路246號
(07) 322-7657

⓰ 憶麗手藝材料行
高雄縣鳳山市五甲二路529巷39號
(07) 841-8989

網路

❶ 德昌手藝世界
http://www.diy-crafts.com.tw/

　　看完本書的作品,你是否也躍躍欲試呢?欲製作之前,你必須準備好工具和材料,以上介紹的各類材料行,建議你前往之前,可以先去電詢問營業時間等更詳細的狀況,以免白跑一趟!

詞彙索引│Glossary│

以下整理出本書出現的專有名詞和記號，幫助你瞭解這些名詞，光看符號就能製作。

外　　片	又稱表布、本片，指布作品的主體用布，如果袋子有正反兩面不同的用布，外片指的就是外面的用布，而裡片又稱裡布、襯布，指作品裡面的用布。
紙　　型	又稱版型，所有的布作品如：包包、衣服等，通常製作程序上都需要事先繪製紙型，再依紙型將所需用布剪裁好使用。
打　　版	繪製欲製作的作品紙型的動作就是打版。
排　　版	指將繪製好並已剪好的紙型，依需要排放在用布上的動作，可參考本書作品的紙型部分，都有排版，可幫助操作者不浪費材料且裁剪布紋方向正確。
製　　圖	指的是書中做法內所標是的紙型繪製尺寸，有詳細標記各個布片尺寸的圖解。
雙　記　號	常用於對稱的紙型，只需繪製1/2的版型，標示上「雙」記號的那一邊就是攤開紙型的中心線。
拷　　克	布剪裁後，通常會有脫線的情況，拷克布邊的動作可以使邊緣平坦，加強堅固使布下水洗過後不會脫線，使其牢固。一般家裡沒有專業的拷克機，可以p.99的釦眼繡（布邊縫）取代。
氈　　化	指羊毛遇溫肥皂水造成纖維縫隙之間緊密而使毛與毛間因緊密而形成一片羊毛氈不織布。
腰　　片	腰位置的布片。
牙口記號	用剪刀在紙型或布邊緣所剪下的小三角形記號，不要剪得過大，最好小於所留的縫分，可幫助縫布時能順利轉彎，不會擠到布。
返　　口	又稱返轉口，當布作品完成後從裡面翻至外面的翻面口，製作玩偶時常用到。
貼　布　、貼　布　繡	將小布片固定在本布上的動作，即貼布，通常以布邊縫或平針縫固定布片，這動作就叫貼布繡。
收　　邊	將布邊以三褶或滾邊方整理車縫起來的動作。

布的直向和橫向	一般布是將緯紗（橫向）打入經紗（直向）製成梭織物，所以這樣的布料織品一定有毛向，在裁剪用布和設計布作品時，因有時布向的裁剪關係到用布量和作品的機能、外觀，所以布向也很重要。
	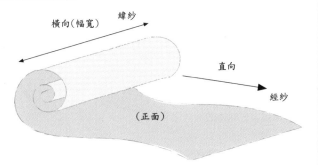
布的幅寬	台灣常用的布寬尺寸有下列三種尺寸：

	布的幅寬圖解：
	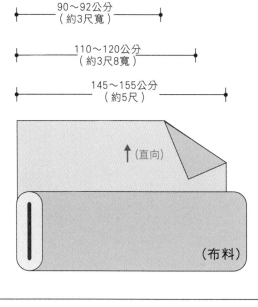

基本縫法 │ Basic Sewing │

只要學會基礎的手縫和使用縫紉機，你可以隨意製作各種作品。如果只想做個小件作品，像抱枕、化妝包、面紙袋或背心，利用手縫輕而易舉不費力。參考以下的圖和照片操作，多練習幾次就能成功。除了基本的縫紉，還能利用不同繡法手縫配件和加工可以讓成品更完美，抓住製作訣竅，你也可以做得很好。在作品上加工，讓成品更完美！

回針縫

最常使用到、最基本的繡法之一，可用來勾勒圖案的輪廓，也可以用來固定布片，較平針繡來得牢靠，一定要會！

做法

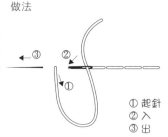

① 起針
② 入
③ 出

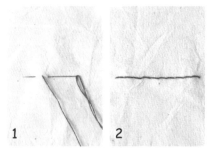

1　2

平針縫

通常用來固定裁縫車不好車縫的區域，也常常搭配回針縫一起使用，操作時需注意針和針間的距離等長，且縫好的線需平整，不可凹凸不平。

做法

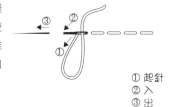

① 起針
② 入
③ 出

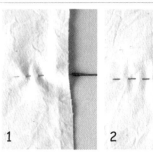

1　2

輪廓繡

多用來勾勒物體的外觀輪廓，像樹葉的枝幹、花朵等等，可使作品的細部更美觀。

做法

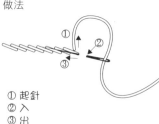

① 起針
② 入
③ 出

1　2

十字繡

特色是繡出來的圖案呈「×」圖形，有專門的十字繡手工藝，當十字繡整齊排列時，自成一種很特別的風格。

做法

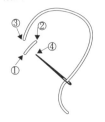

① 起針
② 入
③ 出
④ 結束

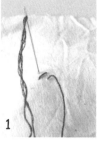

1　2

米字繡

做法

繡法也非常簡單，只要重複兩次單一的十字繡法即可。

① 出
② 入

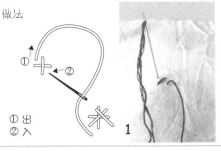

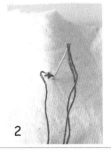

1

2

3

釦眼繡

做法

又稱「布邊縫」，尤其布邊容易脫線的布片可用這樣的繡法來固定，多半都是用在布的邊緣，但若單一使用也有不同的效果。

① 入
② 出
③ 拉

可以用來固定布片

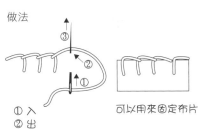

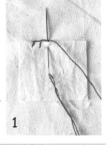

1

2

法式結粒繡

簡稱「結繡」或「結粒繡」，可用來裝飾作品，繡出串串葡萄，是很好用的一種繡法。

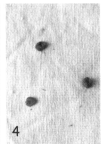

1

2

3

4

做法

① 起針
② 繞兩圈，抽針
③ 入

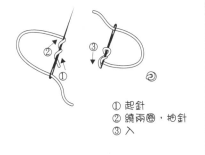

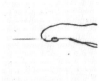

1

2

3

鏈條繡

做法

用途很廣的繡法。單一的雛菊繡除了當花瓣，也可以用來充當綠葉。

① 起針
② 入
③ 固定

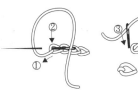

4

基本縫法 | Basic Sewing

藏針縫

這是本書最常用的手縫法，特色是完成後看不到線段和針孔，是縫紉收尾的美化動作。

做法

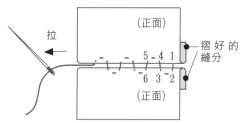

1 從1處起針，穿過2、3處。

2 過程中務必對齊每點下針處。

3 完成後才不會看到線。

特殊材料處理技巧 | Special Material Treatment Techniques

羊毛氈小教學

羊毛氈是近幾年熱門的手藝材質，製作出來的作品質感也相當的特別，常常看著手藝書，但似乎有看沒有懂耶～

沒關係，這裡附上簡單口訣，記住口訣順序，照著口訣的順序反覆來回搓揉沾了肥皂水羊毛，１０分鐘左右你就會發現原來羊毛氈是這麼的簡單呀！！

來試試看吧！ＧＯ～ＧＯ～

記住「拉、壓、搓、捏」等步驟，幫助你更輕鬆完成羊毛氈作品唷！

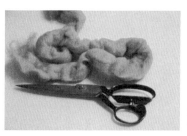

羊毛買回來的時候是長條狀的。

事先將羊毛剪成所需的大小備用。

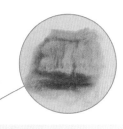

以井字方式交錯重疊，大約三層。

1 拉
調整、輕拉你的羊毛，讓纖維均勻分布。

2 壓
在羊毛上灑些肥皂水並以手施壓。

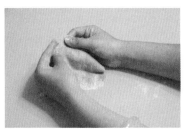

3 搓
手沾肥皂，反覆搓揉羊毛，加速氈化反應。

4 捏
塑型、修飾作品邊緣，使其平整。

+ 小提醒

1. 以上步驟反覆操作，如果手捏表面纖維，能捏起的羊毛纖維不多且感到紮實感，代表已經氈化成功囉！要注意，羊毛氈化指的是讓纖維緊縮，使其中的縫細縮小，讓鬆散的羊毛變成一個紮實的面，所以羊毛氈化後的尺寸會比原紙型小一點，縮水範圍約10%唷！→

2. 如果擔心久泡肥皂水會傷手，可以戴塑膠手套作業，加上塑膠手套不易沾黏羊毛，在搓揉塑型的同時也能事半功倍唷！→

附錄 | Appendix | 作品紙型

做法在 p. 21

甜甜圈鍋墊+餅乾杯墊

甜甜圈鍋墊 (30%)

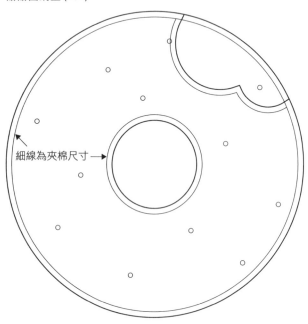

細線為夾棉尺寸→

餅乾杯墊 (50%)

細線為夾棉尺寸→

做法在 p. 28

遮陽帽

(30%)

外片、裡片 各X1

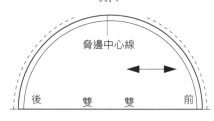

50.4

脅邊中心線

後　雙　雙　前

外片、裡片 各X6

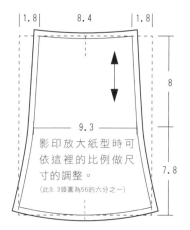

|1.8|　8.4　|1.8|

9.3

影印放大紙型時可
依這裡的比例做尺
寸的調整。

(此9.3頭圍為56的六分之一)

8

7.8

頭圍 56公分

做法在 p. 43

長方形購物袋

(50%)

香包吊飾

做法在
p.61

(50%)

身片 前後 各1片

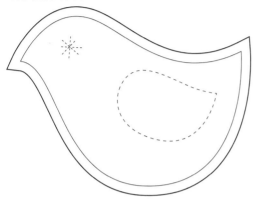

鳥翅 前後 各1片

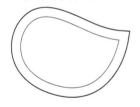

水滴 前後 各1片

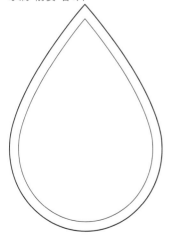

萬用卡片

做法在
p.68

(20%)

外卡

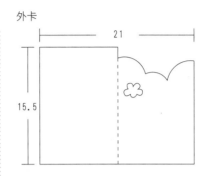

21

15.5

內卡

20.6

15.5

不織布 2片　　棉布 6片

| 附錄 | Appendix | 作品紙型

小貓鑰匙包

做法在 p. 75

（20%）

外片 前後各 1片　　芯 前後各 1片　　內裡 前後各 1片

提帶

外片 前後各 1片　　內裡 前後各 1片　　芯 前後各 1片

提帶

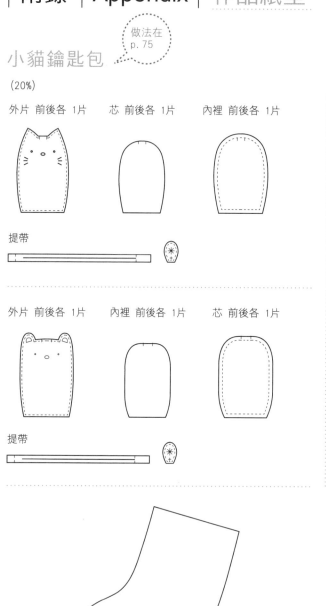

小襪

耶誕吊飾

做法在 p. 76

（100%）

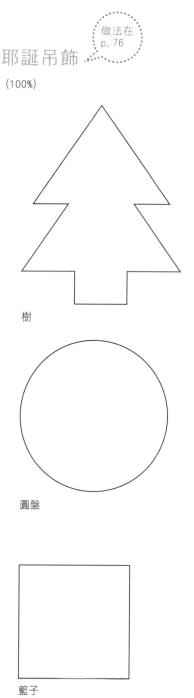

樹

圓盤

籃子

口金包包

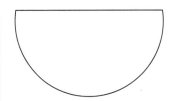

羊毛氈包包

做法在 p.85

做法在 p.89

(20%)

(20%)

棉布A　外片 2片

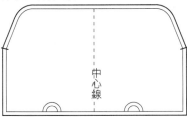

中心線

棉布B　外片1片

雙　　　雙

棉布C　裡片1片

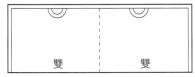

中心線

雙　　　雙

夾棉　　1片

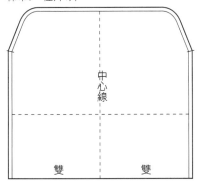

中心線

雙　　　雙

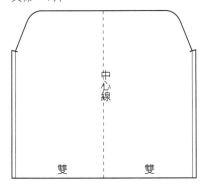

+ 小提醒

本書中所附的紙型尺寸上稍有縮放。在每個紙型上，都有標記縮小的百分比，如果上面是20％，代表只有原版型的百分之20大小。

以下的公式，你可以自己算出影印機放大時需要的倍率。

1. 拿尺量出書裡版型的目前尺寸
   （每組版型只要任意一個的長或者高即可）＝ **A**

2. 如果頁面紙型標明的百分比為20％，
   即自動將其轉為0.2＝ **B**

3. 拿以上算出的兩個數字互除-->
   A ÷ **B** ＝ 紙型正確的原始尺寸 **C**

4. 最後再以
   C ÷ **A** ＝ 你所要影印放大的倍數→

朱雀文化 和你快樂品味生活

COOK50系列　基礎廚藝教室

COOK50072　30元搞定義大利麵──快，省，頂級 美味在家做 洪嘉妤著 特價199元

COOK50073　蛋糕名師的私藏祕方──慕斯&餅乾&塔派&蛋糕&巧克力&糖果 蔡捷中著 定價350元

COOK50074　不用模型做點心──超省錢、零失敗甜點入門 盧美玲著 定價280元

COOK50075　一定要學會的100碗麵──店家招牌麵在家自己做 蔡全成、羅ською琴著 特價199元

COOK50076　曾美子的黃金比例蛋糕──近700個超詳盡步驟圖，從基礎到進階的西點密笈 曾美子著 定價399元

COOK50077　外面學不到的招牌壽司飯丸──從專業到基礎的全方位密笈 蔡全成著 定價300元

COOK50078　趙柏淯的招牌飯料理──炒飯、炊飯、異國飯、燴飯&粥 趙柏淯著 定價280元

COOK50079　意想不到的電鍋菜100──蒸、煮、炒、烤、滷、燉一鍋搞定 江艷鳳著 定價280元

COOK50080　趙柏淯的私房麵料理──炒麵、涼麵、湯麵、異國麵&餅 趙柏淯著 定價280元

COOK50081　曾美子教你第一次做麵包──超簡單、最基礎、必成功 曾美子著 定價320元

COOK50082　第一次擺攤賣小吃──3萬元創業賺大錢 鄭亞慧‧江艷鳳著 定價280元

COOK50083　一個人輕鬆補──3步驟搞定料理、靚湯、茶飲和甜點 蔡全成、鄭亞慧著 特價199元

COOK50084　烤箱新手的第一本書──飯、麵、菜與湯品統統搞定（中英對照） 定價280元

COOK50085　自己種菜最好吃──100種吃法輕鬆烹調&15項蔬果快速收成 陳富順著 定價280元

COOK50086　100道簡單麵點馬上吃──利用不發酵麵糰和水調麵糊做麵食 江艷鳳著 定價280元

COOK50087　10×10＝100──怎樣都是最受歡迎的菜 蔡全成著 特價199元

COOK50088　喝對蔬果汁不生病──每天1杯，嚴選200道好喝的維他命 楊馥美編著 定價280元

COOK50089　一個人快煮──超神速做菜BOOK 張玿寧著 特價199元

COOK50090　新手烘焙珍藏版──500張超詳細圖解零失敗＋150種材料器具全介紹 吳美珠著 定價350元

COOK50091　人人都會做的電子鍋料理100──煎、煮、炒、烤，料理、點心一個按鍵統統搞定！ 江艷鳳著 特價199元

COOK50092　餅乾‧果凍布丁‧巧克力──西點新手的不失敗配方 吳美珠著 定價280元

COOK50093　網拍美食創業寶典──教你做網友最愛的下標的主食、小菜、甜點和醬料 洪嘉妤著 定價280元

BEST讚系列　最讚的流行美味

BEST讚！01　最受歡迎的火鍋&無敵沾醬 王申長著 特價199元

BEST讚！02　隨手做咖哩──咖哩醬、咖哩粉、咖哩塊簡單又好吃 蔡全成著 定價220元

TASTER系列　吃吃看流行飲品

TASTER001　冰砂大全──112道最流行的冰砂 蔣馥安著 特價199元

TASTER002　百變紅茶──112道最受歡迎的紅茶‧奶茶 蔣馥安著 定價230元

TASTER003　清瘦蔬果汁──112道變瘦變漂亮的果汁 蔣馥安著 特價169元

TASTER004　咖啡經典──113道不可錯過的冰熱咖啡 蔣馥安著 定價280元

TASTER005　瘦身美人茶──90道超強效減脂茶 洪依蘭著 定價199元

TASTER007　花茶物語──109道單方複方調味花草茶 金一鳴著 定價230元

TASTER008　上班族精力茶──減壓調養、增加活力的嚴選好茶 楊錦華著 特價199元

TASTER009　纖瘦醋──瘦身健康醋DIY 徐因著 特價199元

TASTER010　懶人調酒──100種最受歡迎的雞尾酒 李佳紋著 定價199元

QUICK系列　快手廚房

QUICK001　5分鐘低卡小菜──簡單、夠味、經典小菜113道 林美慧著 特價199元

QUICK002　10分鐘家常快炒──簡單、經濟、方便菜100道 林美慧著 特價199元

QUICK003　美人粥──纖瘦、美顏、優質粥品65道 林美慧著 定價230元

QUICK004　美人的蕃茄廚房──料理‧點心‧果汁‧面膜DIY 王安琪著 特價169元

QUICK006　CHEESE！起司蛋糕──輕鬆做乳酪點心和抹醬 賴淑芬及日出大地工作團隊著 定價230元

QUICK007　懶人鍋──快手鍋、流行鍋、家常鍋、養生鍋70道 林美慧著 特價199元

QUICK008　義大利麵‧焗烤──義式料理隨手做 洪嘉妤著 特價199元

QUICK009　瘦身沙拉──怎麼吃也不怕胖的沙拉和瘦身食物 郭玉芳著 定價199元

QUICK010　來我家吃飯──懶人宴客廚房 林美慧著 定價199元

QUICK011　懶人焗烤──好做又好吃的異國烤箱料理 王申長著 定價199元

QUICK012　懶人飯──最受歡迎的炊飯、炒飯、異國風味飯70道 林美慧著 定價199元

QUICK013　超簡單醋物‧小菜──清淡、低卡、開胃 蔡全成著 定價230元

QUICK014　懶人烤箱菜──焗烤、蔬食、鮮料理，聰明搞定 梁淑嫈著 定價199元

QUICK015　5分鐘涼麵‧涼拌菜──低卡開胃纖瘦吃 趙柏淯著 定價199元

QUICK016　日本料理實用小百科──詳細解說工具的使用、烹調的方法、料理名稱的由來 中村昌次著 定價320元

hands
手作生活014

實用裁縫的32堂課
最短時間、最省布料製作服飾和雜貨

作者	楊孟欣
攝影	楊孟欣
美術設計	楊孟欣
編輯	彭文怡
企劃統籌	李橘
發行人	莫少閒
出版者	朱雀文化事業有限公司
地址	台北市基隆路二段13-1號3樓
電話	02-2345-3868
傳真	02-2345-3828
劃撥帳號	1923-4566朱雀文化事業有限公司
e-mail	redbook@ms26.hinet.net
網址	http://redbook.com.tw
總經銷	展智文化事業股份有限公司
ISBN	978-986-6780-35-6
初版一刷	2008.08
定價	280元

出版登記 北市業字第1403號

國家圖書館出版品預行編目資料

實用裁縫的32堂課
最短時間、最省布料製作服飾和雜貨
楊孟欣著----初版----
台北市：朱雀文化，2008.08（民97）
面：公分----（Hands 014）
ISBN 978-986-6780-35-6
1. 縫紉
426.3　　　　　　　　　97013536

About買書

* 朱雀文化圖書在北中南各書店及誠品、金石堂、何嘉仁等連鎖書店均有販售，如欲購買本公司圖書，建議你直接詢問書店店員，如果書店已售完，請撥本公司經銷商北中南區服務專線洽詢。
  北區（02）2251-8345 中區（04）2426-0486 南區（07）349-7445
* 上博客來網路書店購書（http://www.books.com.tw），可在全省7-ELEVEN取貨付款。
* 至郵局劃撥（戶名：朱雀文化事業有限公司，帳號：19234566），掛號寄書不加郵資，4本以下無折扣，5～9本　95折，10本以上9折優惠。
* 親自至朱雀文化買書可享9折優惠。